U0222917

凯拉·桑德斯狗狗训养系列

The Dog Tricks and Training Workbook

狗狗技能训练，
一本就够了

让狗狗终生受益的 **30** 堂基础训练课

（美）凯拉·桑德斯　著

王小亮　译

化学工业出版社

·北京·

The Dog Tricks and Training Workbook, 1st edition by Kyra Sundance
ISBN 978-1-59253-530-9
Copyright©2009 by Kyra Sundance.
Published by agreement with Quarry Books, an imprint of The Quarto Group through
CA-LINK International LLC.
All rights reserved.

北京市版权局著作权合同登记号：01-2019-6253

图书在版编目（CIP）数据

狗狗技能训练，一本就够了 /（美）凯拉·桑德斯（Kyra Sundance）著；王小亮译.
一北京：化学工业出版社，2019.11
（凯拉·桑德斯狗狗训养系列）
书名原文：The Dog Tricks and Training Workbook
ISBN 978-7-122-35162-3

Ⅰ.① 狗… Ⅱ.① 凯… ② 王… Ⅲ.① 犬-驯养 Ⅳ.① S829.2

中国版本图书馆CIP数据核字（2019）第203345号

责任编辑：王冬军　张丽丽　葛若男　　　　　　　　封面设计：红杉林文化
责任校对：张雨彤

出版发行：化学工业出版社（北京市东城区青年湖南街13号　邮政编码100011）
印　　装：北京利丰雅高长城印刷有限公司
787mm×1092mm　　1/16　　印张11$\frac{3}{4}$　　字数241千字
2020年1月北京第1版第1次印刷

购书咨询：010-64518888
售后服务：010-64518899
网　　址：http://www.cip.com.cn
凡购买本书，如有缺损质量问题，本社销售中心负责调换。

定　　价：59.80元　　　　　　　　　　　　　　　版权所有　违者必究

它，是你的朋友，你的伙伴，你的守护者，它就是你的狗狗。你，是它的生命，它的挚爱，它的主人。它的一切都将属于你，情真意切，全心全意，直到生命的尽头。而你也应心存感激，以回应它的忠诚。

入门必读

建立关系

狗狗的技能训练在我们培养与狗狗的关系中发挥着重要的作用。这种训练不仅仅是有趣的游戏，还是我们与狗狗加强沟通，进而增进默契的有效途径。

如果你曾有过试图理解一个讲外语的人正在对你说什么的经历，那么你应该也会记得你们在终于明白了对方的意思后相互间所产生的那种共同成功的亲密感。通过共同完成技能训练，你与你的狗狗也能建立起同样的默契纽带，享受同样的愉悦！

技能训练不仅仅能教会你的狗狗可以在派对上娱乐友人的小把戏，它也是一个机会，能够帮助你更好地了解狗狗的所思所想，并让它更好地理解你的指示。

训练的前提条件

技能训练没有前提条件。只有 8 周大的小狗可以学习，你所宠爱的年长的狗狗也可以从技能课中获得同样多的乐趣。由于脑部受到新行为的刺激，狗狗们的智力和认知水平都会得到提升。

你会发现，你的狗狗学会的技能越多，它学习新技能的速度就会变得越快。从某种意义上来说，你教会了它学习的方法，提高了它的心理和生理禀赋。

符合现实的预期

看到本书中的 30 项技能，你脑海中可能会浮现出一幅美妙的画面：你躺在沙发上，而你的狗狗乖乖地把它所有的玩具都聚拢起来，装进玩具箱。我还是先帮你戳破这个白日梦吧：如果没有你的指导、没有奖励，你的狗狗是绝不可能完成这么复杂的动作的。这种程度的技能需要你与狗狗进行眼神接触，而且可能还需要多个口令。记住，尽管这些技能在你看来可能很简单，但对你的狗狗而言，都是复杂而充满挑战的。

作为训练师的你

作为狗狗的训练师，你的"工作"就是营造一个稳定的激励环境，并在这样的环境中教授你的狗狗各项技能。指导你的狗狗学会一个个新行为，奖励每一个微小的进步。每次训练课的目标都是比上一次更进一步。

技能课将教会你清晰的策略

每当狗狗让你觉得愤怒与挫败时，那并不是因为狗狗的行为有多糟糕，也不是因为狗狗太蠢太笨。我们之所以感到愤怒与挫败，是因为我们不知道该怎么办——绞尽脑汁，但却束手无策。我们感到内疚，感到绝望，这对狗狗的主人来说是非常可怕的感觉。

不过我们不会一直这样，一旦认识到建立成功的人犬关系的基本原则，我们就能确立正确的计划。我们立刻就能知道对每种情况如何作出反应，并且每一步反应都是自信的，都有知识作为支撑。而当我们的狗狗犯错时——每只狗狗都会——我们也不会感到挫败或者尴尬，因为我们有应对方案，并且对自己的技巧充满自信。

本书将教授你一套与狗狗一起朝训练目标奋斗向前的清晰策略。

如何使用这本书

完整课程

我们的整套狗狗技能训练课包含三个组成部分：训练之前、训练内容、训练步骤。

30 项技能

在本书中，你将会学到狗狗训练的核心理念，并使用这些理念教会你的狗狗 30 种不同的技能。这其中有些技能是运动型的，有些是智力型的，还有些完全是娱乐型的。学习这些技能对你的狗狗来说可能会是一个挑战，请保持耐心，不要动怒，采取鼓励而不是强迫的态度。一开始，你的狗狗可能会犹豫，不过你的鼓励会给予它不断尝试的力量！

训练小视频

本书附赠的训练小视频介绍了 5 项技能，包括"坐下""祈祷""鞠躬""跳呼啦圈""转圈"，并展示了"收拾玩具""取邮件"等更加复杂的技能。视频中，对几种不同种类的狗狗进行实地教学的场景，帮助你对狗狗的技能训练有一个直观的认识。

学完整本书需要多久？

这是一本自学教程。学习过程没有时间限制，你可以按照自己的步调进行。如果按照一种激进的学习计划，一个月就可以学完整本书。整套课程的乐趣就在于，这本书可以适用终生。

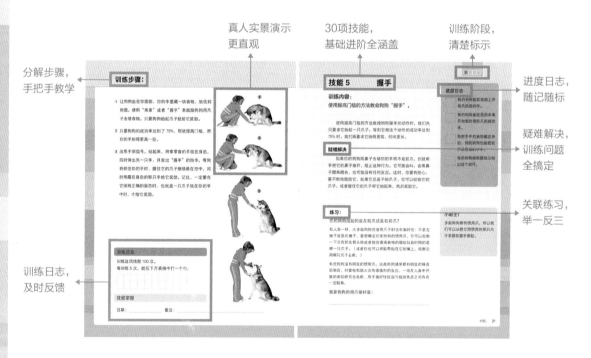

真人实景演示
更直观

30项技能，
基础进阶全涵盖

训练阶段，
清楚标示

分解步骤，
手把手教学

进度日志，
随记随标

疑难解决，
训练问题
全搞定

关联练习，
举一反三

训练日志，
及时反馈

在书上书写涂鸦！

拿到新书后，你也许会想要让它保持干净整洁。不过，要想从中取得收获，你最好还是要全情投入。这本书已经属于你了，在空白处写字、折角、摊在地上，甚至用沾满狗狗口水的黏兮兮的手指翻阅，随你怎么样都可以！

循序渐进

为了更好地帮助你和你的狗狗获得成功，本书的内容安排是循序渐进的。不要走马观花似地翻阅浏览，而是要尝试不同阶段的课程和技巧，试着学完一页的内容再进行下一页。

书中的四个阶段分别聚焦于训练的四项基本要素：时机、方法、动力，以及在已掌握技能的基础上延伸。

对于你的狗狗而言，每一阶段的训练并不比上一阶段的更难。准确地说，高级阶段的技巧只是使用了更多在基础阶段就应该掌握的技能和知识而已。

每一阶段都要求完成相应的训练，并且教授相应的技巧。不过，在教学中，并不需要先完全掌握一项技能再进行下一项。教会一项技能可能需要几周，你可以一边强化一项训练，一边开始下一项的教学。

在每一阶段的结尾处都有本阶段所学理念的总结。同样，每一阶段都设置了一个重新评估模块，可以帮助你确定你与狗狗沟通中的强项和弱项。

你和你的狗狗即将成为下一个很棒的表演犬团队。请拿好食品袋和狗狗最爱的玩具，还有你手中的这本书，让我们马上开始吧！

你应该给予狗狗什么

狗狗在我们的生活中扮演着重要的角色，不管是作为工作犬还是作为生活中的伙伴。既然把它们带进了我们的家，我们就有责任来满足它们的基本需求和更高的需求。狗狗们给我们带来了愉悦和陪伴，相应地，我们应该给它们：

- 充足的食物和医疗保健

- 高于基本生存水平的生活

- 美容、清洁耳朵和牙齿、修剪指甲、护理皮肤和毛发

- 运动——不仅仅是运动的机会，还有鼓励

- 每天 20 分钟专属于狗狗的注意力

- 每天 3 项额外活动（散步、取物游戏、训练课程、乘车）

- 探索庭院之外的世界

- 与家人之外的人及宠物交往

- 获取给予和接受无条件的爱的权利

- 训练——这样你的狗狗才不会成为自身不当行为的囚徒

- 新鲜空气和绿草

- 尊重狗狗的需求

- 要么负责任地帮它繁育后代，要么绝育

- 属于它自己的时间和空间

- 自由地犯傻，逗你开怀大笑

- 赢得你的信任并报以信任的权利

- 宽仁之心

- 有尊严地死去的权利

- 能够被你铭记在心

享受过程

第一次带小狗狗回家，并不意味着你与狗狗之间良好关系的开始。同样，第一次开始训练课程，或者第一次惩罚你的狗狗，也并不一定是良好关系的开端。只有当你下定决心要与它建立一种基于信任、交流和相互尊重，并且始终如一的相处模式后，你们的良好关系才算真正开始。

没有缘由地拍它的脑袋，或者窝在沙发里拥抱它并不会带来良好的人犬关系。良好的关系要在工作、合作、挑战、鼓励，以及达到目标时的喜悦与错失目标时的抚慰中培育。分享经验、沟通交流，以及可靠地满足彼此的需求，这些才是建立良好关系的基石。

本书的读者有宠物的主人、犬类运动初学者，以及一些有一定基础的竞赛选手和训练员。对于大多数读者来说，其实很简单，能够从与狗狗的关系中获取快乐就好。

不管你的狗狗如何走进了你的生活，你都可以与它做许多不同的事——教它运动，找一项你们都喜欢的活动，与它合作，鼓励它，给它挑战，一起向共同的目标发起冲击，带它去不同的地方，与它度过美好时光，以及与它结成更为亲密的关系。这才是建立良好关系的方式。

不要因为太专注于目标而错失了过程的快乐！

Do More
With Your Dog!®

初步评估

在使用本书的过程中，你需要掌握你、你的狗狗，以及你们之间关系的变化。这张初步评估表可以作为你的基准线，帮助你跟踪自己的成长。

你的名字：＿＿＿＿＿＿＿＿＿＿＿＿＿＿＿＿＿＿

你家狗狗的名字：＿＿＿＿＿＿＿＿＿＿＿＿＿＿

你家狗狗的年龄：＿＿＿＿＿＿＿＿＿＿＿＿＿＿

今天的日期：＿＿＿＿＿＿＿＿＿＿＿＿＿＿＿＿

评估

你是否参加过传统的训狗或狗狗服从性课程？你喜欢吗？你的狗狗喜欢吗？

＿＿＿＿＿＿＿＿＿＿＿＿＿＿＿＿＿＿＿＿＿＿

你觉得你的狗狗能否学会比目前所掌握的更多的东西？

＿＿＿＿＿＿＿＿＿＿＿＿＿＿＿＿＿＿＿＿＿＿

你最近带狗狗参加过哪些游戏、哪些挑战或哪些活动？

＿＿＿＿＿＿＿＿＿＿＿＿＿＿＿＿＿＿＿＿＿＿

你觉得你的狗狗想要与你有更多互动吗？

＿＿＿＿＿＿＿＿＿＿＿＿＿＿＿＿＿＿＿＿＿＿

有时候，你是否会因为为狗狗做的不够多而感到内疚？

＿＿＿＿＿＿＿＿＿＿＿＿＿＿＿＿＿＿＿＿＿＿

我用来训练狗狗的方法有：

＿＿＿＿＿＿＿＿＿＿＿＿

＿＿＿＿＿＿＿＿＿＿＿＿

＿＿＿＿＿＿＿＿＿＿＿＿

我的狗狗目前已掌握以下技能：

＿＿＿＿＿＿＿＿＿＿＿＿

＿＿＿＿＿＿＿＿＿＿＿＿

＿＿＿＿＿＿＿＿＿＿＿＿

我对狗狗的承诺

当我在训练中深感挫败时，我会：

_____

当我将你和别人家的狗狗比较时，我会记得：

_____

我会时刻记得你的需求，即使：

_____

我的狗狗希望能从这本手册中获得：

_____

_____

我的目标：

通过使用这本手册，我希望获得：

_____

_____

我的承诺：

我会把日常时间安排中的以下时间段用于实践本书：

_____

_____

_____

我想教会狗狗各种技能的主要原因：

☐ 让我的朋友们刮目相看

☐ 挑战狗狗的智力

☐ 增强我作为训练者的能力

☐ 建立与狗狗的关系

☐ 让我的狗狗行为举止更得体

☐ 增强狗狗的自尊心和自信心

☐ 教会狗狗有用的技能

☐ 让狗狗有地方释放自己的精力

☐ 让我的狗狗知道我爱它

☐ 为了好玩

☐ 为了学会训练狗狗的正确方法

☐ 为了更了解我的狗狗

☐ 其他

写在前面的话

狗狗是我们家庭中的一员，我们与狗狗的关系需要不断的养护才能保持生命力。在这本书里，我们会使用正向强化训练法来帮你与狗狗建立愉悦的关系，整个训练对狗狗来说也是一个主动参与的过程。

使用了这本书，你就为与狗狗建立更亲密的联系迈出了坚实的一步。技能训练拓展了交流渠道，加深了信任和相互尊重，从而帮你与狗狗建立这种关系。当你与狗狗朝着共同的目标努力，并为获得的成功喝彩时，你就找到了与狗狗建立这种关系的方法。而这一过程中培养的信任与合作精神将伴随你与狗狗的一生。

"不管是小狗还是年长的狗狗，好动还是好静，聪明伶俐还是反应迟钝——它都是你的狗狗，它是否成功只由你来决定。希望这本书能帮你和你的狗狗一起做更多的事！"

——凯拉·桑德斯与爱犬查尔茜

目 录

时 机

技能训练的核心概念

在第 1 阶段，你会学到狗狗技能训练的核心理念，并利用实战训练挑战来磨炼这些技能。你会学到如何在你的狗狗做出正确的姿势后，在正确的时机使用奖励机制，来让狗狗有效地理解目标行为。你会学到如何通过给你的狗狗设定一系列有难度但又可达到的目标来建立一种成功的模式。你会学到如何通过调整训练标准来达到最佳的成功率，同时还会学到如何以现有的行为为基础，通过逐步提高提示的复杂程度来帮助你的狗狗学会对更精细的指示作出反应。

哦……你的狗狗也会学到不少技能！第1 阶段的技能包括：坐下、抬爪、鞠躬、祈祷、握手、跳呼啦圈、从手臂中跳过和挥手告别。

做好准备

准备好合适的训练装备会让你的训练过程更加顺利。

食物奖励

狗狗可以快速吞咽的小块、软质的食物。

奖励袋

宠物商店里有那种可以直接别在裤子上的奖励袋（也叫诱饵袋）出售。它可以让你快速提供奖励，而不用在裤兜里翻找。

短狗链

短狗链的一头拴在狗狗的项圈上，可以让你在需要控制狗狗时很方便地抓握，同时也不会影响狗狗的动作。这种狗链没有松脱的绳头，狗狗的爪子也就不会绊到了。

响片或者哨子

有些训练员会用特定的词汇，例如"很好！"，来让狗狗知道它做得对。也有些训练员会用响片之类的装置发出响声来标记正确的动作。

激励用的玩具

如果你的狗狗很喜欢玩球、飞盘或者拖拽玩具，那这将会是一种很好的奖励。

良好的态度！

最最重要的训练工具就是你的赞赏和鼓励！

时机

> 教学任何技能的关键就在于要在狗狗正确做出动作时即时给予奖励。正确的时机是训练的关键。

对于人类而言，即使行为与结果之间存在时间间隔，我们也可以跟对方讲清楚两者之间的关系。如果孩子打扫干净了他们的房间，我们可以在一段时间后再奖励他们一顿美餐。而对于狗狗，我们就无法向它们解释行为与结果间的联系了。所以，结果必须是即时可见的，只有这样才能让狗狗将结果与行为联系起来。

在学习的过程中，你的狗狗可能会躁动不安，尝试各种不同的姿势和动作。你需要立刻让它知道哪些行为是成功的（给予奖励），哪些行为是不成功的（没有奖励）。你要让它明白到底是哪个行为让它获得了奖励。帮助狗狗理解目标行为的关键点就是，要在它正确做出目标行为时立刻给予它奖励。

例如，如果你的狗狗坐了下来，然后抓了抓脖子，接着你给了它奖励，那你奖励的就是抓脖子！你得在它的屁股落在地上时立刻将奖励塞进它的嘴里。

初学者经常会犯奖励太迟的错误，例如当狗狗完成了一个动作，然后他们就在口袋里翻找出奖励。这种不精确的时间控制增加了狗狗理解如何获取的难度。你应该将奖励握在手中，时刻准备着在狗狗做出正确动作时将奖励交给它。

技能 1　　坐下

训练内容:

利用精确的时机来教会狗狗"坐下"。

　　教授狗狗坐下的动作时,只要狗狗的臀部一着地,就要奖励它一块食物。通过精确的时机控制,你的狗狗会把动作与奖励联系起来,这样它就知道你是为什么而奖励它了。"坐下"这个动作并不难教,不过,仍然需要经过多次重复,狗狗才能掌握。你可以将重复教学的次数记录在后面的训练日志中。等达到 100 次时,你的狗狗肯定能学会这个动作!

疑难解决

　　如果狗狗跳起来够你手里的零食奖励,你就把手放低些,好让它在不需要四爪离地的情况下够得到奖励。

进度日志

☐ 我的狗狗在食物的引诱下坐了下来。

☐ 我的手里没有拿食物奖励,但狗狗跟着我的手坐了下来。

☐ 我的狗狗跟随我的口令提示和手势动作信号坐了下来。

☐ 我的狗狗在各种地方都能坐下来,无论在室内还是室外,无论有没有干扰因素。

小贴士!

使用非常好吃的食物作为奖励,会极大提高狗狗的动力,尤其是在学习新行为的早期阶段。所以,我们可以多准备些小块、柔软、味美,狗狗可以很容易吞咽下去的食物。

练习:

让你的狗狗在进餐时间前坐下。

一旦狗狗理解了"坐下"指令,就让它每天在获取食物前都坐下来。这是一个让它表现出良好教养的方法!

"训练的关键就在于时机、方法、动力,以及已知的行为基础。"

　　　　　　技能点：奖励的时机

狗狗的后躯正坐在地上，并且在接到解除指令之前一直保持这个姿势。

口令提示

坐下

动作信号

训练步骤：

1 站在（或蹲在）狗狗面前，手拿一块食物，放在稍微高于狗狗头部的上方。

2 将食物向狗狗尾巴的方向移动，慢慢引诱狗狗的头部运动。这个动作将引导狗狗抬起鼻尖，降低臀部高度。有些狗狗可能会来回扭动，或者向后退。如果出现这种情况，请持续后移食物，直到狗狗最终坐下。在训练中，你可以让狗狗背靠一面墙，这样它就不能后移太远了。

3 只要狗狗的臀部一着地，就立刻给它食物，奖励的时机能让你的狗狗明白目标行为动作是什么。

训练日志

训练这项技能 100 次。
每训练 5 次，就在下方表格中做一个标记。

技能掌握

日期：＿＿＿＿＿＿＿＿＿　　　备注：＿＿＿＿＿＿＿＿＿＿＿＿＿＿＿

提示、动作、奖励

教授需要提示的行为时，需要注意一个基本点，那就是提示、动作、奖励的顺序和准确性。其要诀就是，要尽可能多地成功重复该动作（引发该动作的方法有很多种），只要狗狗做出正确的动作，就立刻精确地抓住时机，给予奖励。

教授一项技能包括三个连续的部分。首先，给狗狗口令或动作提示，指示出目标行为。其次，狗狗做出动作。第三，给予奖励。

不要试图在狗狗做出动作前就用奖励来贿赂它。也不要对它在没有接到提示前就做出的动作给予奖励。

这三个部分一定要按照顺序执行——你提示狗狗翻身，它就做出翻身的动作，然后你给予它奖励。后来，当你看电视时，你的狗狗想要引起你的注意，于是它自己跑到你跟前做了个翻身的动作。这很可爱，也很好玩，但因为这不是你要求（或指令）它做的，所以不能给它奖励。为什么不能对这一行为进行奖励呢？因为你的狗狗仅仅想要通过翻个身而获取食物，无论何时，你都不能对此给予奖励。如果你这样做了，那它就成了训练师，而你则成了按照它的指令跳圈的那个受训者了！必须要先有指令，再有动作。

动作要出现在奖励之前，不要在它完成动作前给予奖励。那样的话奖励就变成了贿赂,而贿赂是不会起作用的!

技能 2　　　　抬爪

训练内容：

使用提示、动作、奖励的顺序教会狗狗"抬爪"。

教授狗狗这个动作时，首先要给出口令提示"抬爪"，然后用一块食物引诱狗狗做出把前爪放在箱子上的动作，最后给你的狗狗食物奖励。

疑难解决

如果你的狗狗不愿意把爪子放在箱子上，可以试试一边用手轻拍箱子，一边用欢快的语气来鼓励它。如果一开始它只能做到把一只爪子放在箱子上，那也先给它奖励。

进度日志

☐ 我的狗狗在食物的引诱下抬起爪子放在了箱子上。

☐ 即使我藏起了食物，我家狗狗还是可以做抬爪动作。

☐ 我的狗狗根据口令提示抬起了爪子。

☐ 我的狗狗能抬起爪子放在任何我指示的物体上。

练习：

让狗狗将前爪搭在你的手臂上。

如果每次你回到家时，你的狗狗都会跳跃到你身上，那你可以教它用更安全可控的方式来表现自己的热情。教它把爪子搭在你的手臂上。手臂要放在体侧，与身体垂直，让狗狗从外侧靠近你，从而防止它把你撞倒，或者因动作太大而跳到你的肩膀上。

小贴士！

教会狗狗一个动作需要近百次的重复，坚持住！

　　　　技能点：提示、动作、奖励的顺序

狗狗抬起前爪放在箱子或凳子上。

口令提示

抬爪

训练步骤：

1 手拿一块食物，举到一件结实的家具的上方，并提示狗狗"抬爪"。轻拍打家具，引导狗狗把前爪放上去。将食物放在家具边缘稍靠后的地方就好，不然狗狗有可能直接跳上去或越过去。

2 只要狗狗把两只前爪都放在了家具上，就立刻给它奖励。

3 等到狗狗掌握这个技巧后，试着把食物放进食品袋，不再使用，直接向它发出指示。如果狗狗把爪子放在了家具上，立刻给它奖励。

训练日志

训练这项技能 100 次。

每训练 5 次，就在下方表格中做一个标记。

技能掌握

日期：_____   备注：_____

奖励正确的动作

只有当狗狗做出正确的动作时，才能给予奖励。

当你奖励狗狗一块食物时，狗狗会将它当前所做的动作与获得的奖励联系起来。

例如，你告诉狗狗坐下，然后它就坐下了。你从口袋里掏出一块食物进行奖励，然后狗狗就站起来去够食物。那你刚才奖励的是什么动作呢？你奖励的是它站起来的动作！你应该在狗狗做出正确的动作——坐下时，给予它食物奖励。

教你的狗狗抬爪时，你要在它两只前爪都放在箱子上时给予它奖励，而不是在它把爪子放回到地面上之后。同样，教你的狗狗握手时，你应当在它的爪子放在你的手中时给它奖励，而不是在它放下爪子后。

坐下　　　　　　　　　　抬爪　　　　　　　　　握手

想一想：

明确自己的要求。

在脑海中构建出狗狗做出正确动作时的模样的清晰画面，并用语言描述出来。这样，当你的狗狗做出正确动作时，你就能快速作出反应。教它坐下时，你也许会想到：我的狗狗臀部着地了。抬爪时，画面可能是：狗狗的两只前爪都放在箱子上。下一个技能是鞠躬。你会怎样描述这个动作的正确姿势呢？

技能 3　　　　鞠躬

训练内容：

在你的狗狗做出正确的"鞠躬"姿势时给予它奖励。

第一次教你的狗狗鞠躬时，它可能只能保持正确的姿势一两秒的时间。这时，很关键的一点就是，你要在它保持正确的姿势时给予它奖励，而不是在它站起来之后。

疑难解决

你可能会遇到 3 个问题：

1. 如果你的狗狗坐了下来而不是鞠躬，那可能是因为你把食物拿得太高了。应该将食物向低处移动，并朝向狗狗后爪的方向移动。

2. 如果狗狗躺了下来，那你就需要在它的肘部接触地面之前尽快给出食物。如果问题还没有得到解决，那就将你的脚垫在它的腹部下面。

3. 如果你的狗狗不断地后退，你可以将食物向后移，但不要向下移动。同样，你也可以试试把手轻轻放在它的肩上。

练习：

狗狗拉伸运动。

对于你的狗狗而言，鞠躬是很好的拉伸运动。做过一些热身运动后，你可以温柔地帮狗狗进行腿部拉伸运动。

一只手握住狗狗的肘部，另一只手握住腕部，轻轻地将狗狗的前腿向前、向上移动，从而拉伸它的肘部和肩部关节。

一只手放在它的后腿膝关节上，另一只手放在腿部靠近脚踝关节的地方。在膝关节弯曲的情况下，用膝盖上的那只手轻轻向后、向上抬起它的后腿。

技能点：奖励正确的姿势

狗狗鞠躬时，它的后腿保持直立，同时弯下前半身，直到肘部接触到地面。

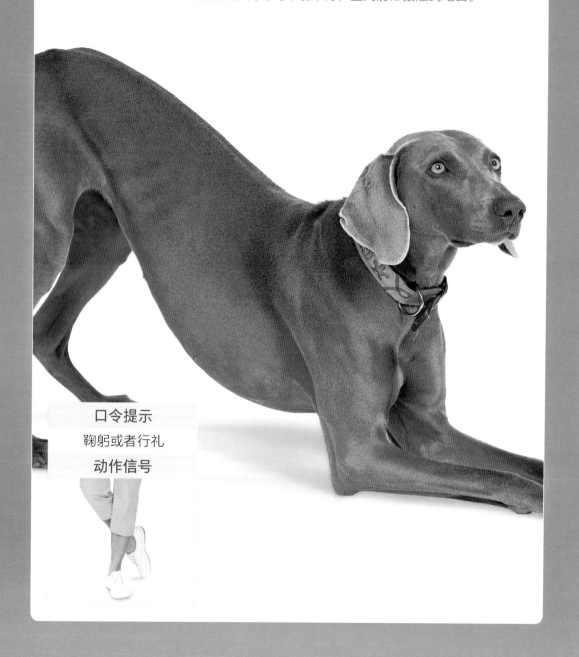

口令提示
鞠躬或者行礼

动作信号

训练步骤：

1 让狗狗面对着你站立。手握一块食物，放在狗狗鼻子的高度。

2 发出"鞠躬"口令，同时将握着食物的手从狗狗鼻尖向后爪的方向移动。

3 只要狗狗肘部一着地，立刻给它奖励。一定要在狗狗做出正确的鞠躬姿势时给予奖励，不要在它恢复站立姿势或趴下后再给予。

4 随着狗狗的进步，试着要求它先保持一两秒钟鞠躬的姿势，然后再给它奖励。

训练日志

训练这项技能 100 次。
每训练 5 次，就在下方表格中做一个标记。

技能掌握

日期：_____ 备注：_____

在不断的成功中学习

让你的狗狗更容易做出正确的动作。

狗狗的大脑（和人的大脑类似）需要在不断地重复中进行学习。每当一个行为受到奖励，大脑中相关的神经链接就会得到加强。只有在不断重复的成功中狗狗才能够有效学习，所以，我们在教学的早期阶段需要尽可能多次地进行成功的尝试。

只有这样，才能让你的狗狗更容易做出正确的动作。例如，你要教它衔取物品，那就先让它从短距离开始训练，并且及时给予它奖励。然后重复地给予奖励。

在教授狗狗一项技巧时，如果它连续多次都没有达到要求，那它是不会从中学到什么的。如果你把挑战设定得太难，或对狗狗要求太高，你就没有那么多给予它奖励的机会，这样神经通路也就无法快速建立了。

不要设立超出狗狗的能力和知识水平的目标，那样注定会失败。相反，要降低成功的难度，指导它达到目标。你要帮助它做出正确的动作，并且为它的成功而热情地给予它奖励！

练习：

帮你的狗狗取得成功。

在学习新技能的早期阶段，你应该设定一个相对容易的目标，便于你的狗狗可以经常实现该目标。从前 3 项技能中挑选一项，拿 10 份奖励在手中，开展一分钟的教学，数一数在这一分钟里你给出了多少奖励。

你在一分钟里给出了多少奖励？

□ 0~3
太少了

□ 4~5
努力获得更多成功的尝试

□ 6~8
完美！

□ 9~10
该教你的狗狗更多东西了

首先要有提示

当你的狗狗第一次学习技能时，你需要给它大量的帮助，来帮它做出正确的动作。随着它的进步，它所需要的帮助也会越来越少。最后，只需要你的口令提示或者动作信号，它就能理解目标行为了。

狗狗技能训练的一个核心理念就是在提供给狗狗帮助，或者提示时，要逐渐增加提示的力度。你的狗狗希望能尽快得到奖励，所以它会试图猜测你需要它做什么。如果你在每次给出"鞠躬"口令后，再轻轻按按它的鼻子，它就能明白，只要一听到这个口令提示就鞠躬，它就能更快地获得奖励！

先给出"鞠躬"的口令提示，然后碰一下它的鼻子，接下来给出更强的提示——轻按它的鼻子，直到它的肘部接触到地上。通过这个过程，你的狗狗将学会猜测下一步，并且对更早一步的提示做出反应，直到最后它会直接对你的口令指示做出反应。在两次提示之间停顿一秒钟，让狗狗的大脑反应一下，不过间隔时间不能太长，否则它的大脑就无法将动作和提示联系起来了。

鞠躬训练没有使用手部的动作信号，而是使用了腿部的动作，这样可以让狗狗更容易专注于向下的动作。使用腿部信号时，可以先做出狗狗不熟悉的动作信号，然后给出它更熟悉的口令提示。你的狗狗会慢慢学习到，口令提示"鞠躬"总是跟在腿部动作之后出现，之后他就会独立地根据腿部的动作信号做出反应。

> 在向狗狗伸出援手之前，先给它一个小"提示"。

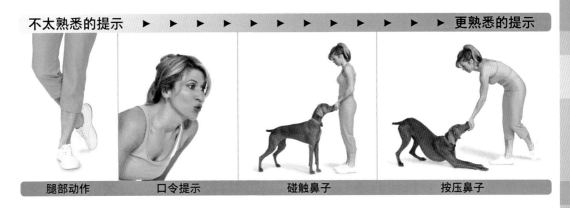

不太熟悉的提示 ▶ ▶ ▶ ▶ ▶ ▶ ▶ ▶ ▶ ▶ ▶			▶ 更熟悉的提示
腿部动作	口令提示	碰触鼻子	按压鼻子

以已知行为为基础

以已经教会的技能为基础，教授狗狗更复杂的新技能。

在你的狗狗掌握了一些基础的技能之后，我们就可以以这些技能为基础，教授它更复杂的技能了。

在"祈祷"这个动作中，狗狗需要先把前爪放在床边或家具边缘（技能2），然后把头埋在双爪间。

教授"祈祷"动作之前，并不需要狗狗完全掌握"抬爪"。你可以同时教授它这两个动作。一开始，对抬起前爪和低下头这两个动作都要给予食物奖励。一旦它有所进步，就只在它完成最后一个动作，也就是低下头之后，再给它奖励。此时，你就可以不再使用"抬爪"的提示，而是直接用"祈祷"的提示来完成整个动作了。

抬爪

祈祷

想一想：

如何将握手技能分解为渐进的多个提示？

分解出各个要素，从狗狗最不熟悉的提示（给予狗狗最少帮助）到最熟悉的提示（给予最大帮助），按顺序排列。

_____口令提示

_____轻拍狗狗的腕部

_____诱导狗狗去够你手中的食物

_____抬起狗狗的腕部

（解答见本书第39页）

技能 4　　　祈祷

训练内容：

以抬爪为基础，教会你的狗狗"祈祷"。

你可以在狗狗掌握抬爪动作前就开始教授狗狗这个技能。

疑难解决

关于这项技能，很重要的一点就是要在狗狗保持正确动作时奖励它。一定要将食物放低，靠近它的胸部。从上方进行奖励会鼓励狗狗翘首以盼。

如果狗狗总是不断地从箱子上跳下来，或者把一只脚从箱子上放下来，那你也许需要换个更高的箱子了。

进度日志

☐ 我诱导我的狗狗抬起前爪。

☐ 我诱导我的狗狗把头埋在双臂间。

☐ 在我给予食物前，狗狗能保持祈祷的姿势几秒钟。

☐ 我的狗狗能按照祈祷的提示做出动作。

练习：

帮它们清洁！

狗狗们在交往的过程中会互相梳理毛发，而你亲自用双手帮它梳理毛发能帮助你们增进感情。下一次做以下这些事时，请在下方标记。（以前的不算！）

☐ 梳理毛发

☐ 给它洗澡

☐ 帮它刷牙

☐ 帮它轻轻刷洗耳朵

☐ 帮它剪指甲

☐ 检查全身，看看有没有蜱虫、伤口、肿块或者异常情况

☐ 清洗犬舍

☐ 检查它的脚掌：查看肉垫，查看趾间是否有伤口，清理趾缝

☐ 给它全身按摩……啊呜！

"不同的狗狗有不同的学习方式和学习速度。如果你没有看到自己想要的结果，那也不要灰心。"

小贴士！

在狗狗训练的词汇表中，"饼干"就是食物的意思。"你想要吃饼干吗？"

技能点：以已知的行为为基础

祈祷时，狗狗抬起前爪放在床边或椅子边，放低上半身做出"鞠躬"的姿态，并且将头埋在双臂间。

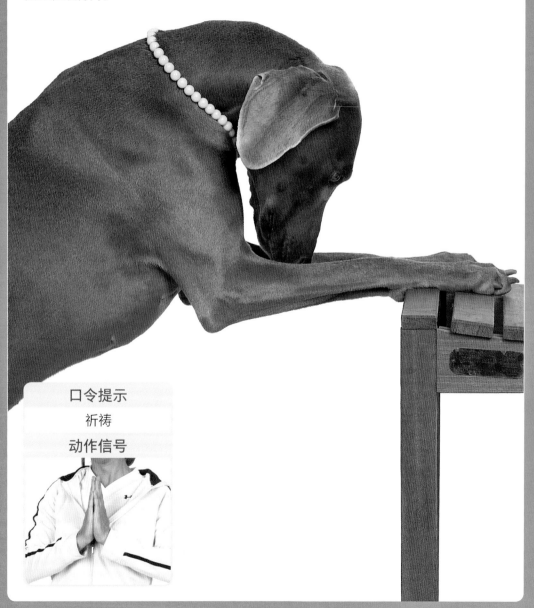

口令提示

祈祷

动作信号

训练步骤：

① 侧蹲在狗狗面前，命令它抬爪放在箱子上或你的手臂上（技能 2）。奖励过这个动作后，用另一只手拿一块食物放在狗狗两只前爪之间，这样它就必须要低下头才能够到食物。先从微微低下头开始训练，一定要在狗狗做出正确的姿势，也就是头微微低下时给它奖励。

② 在椅子上进行这项练习。首先给出"抬爪"的指令，然后在你把食物放在它的前臂之下时，给出"祈祷"的指令。你也可以试试给出鞠躬（技能 3）的指令，让它知道自己应该低下上半身。

③ 随着狗狗的进步，要求它保持一两秒钟祈祷的姿势，再将拳中的食物奖励给它。

训练日志

训练这项技能 100 次。
每训练 5 次，就在下方表格中做一个标记。

技能掌握

日期：＿＿＿＿＿＿＿＿＿＿　　备注：＿＿＿＿＿＿＿＿＿＿＿＿＿＿＿＿＿＿＿

提高门槛

通过"提高门槛",我们才能将一个基础行为改变成更复杂的形式。

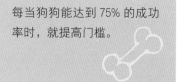

每当狗狗能达到 75% 的成功率时,就提高门槛。

奖励的目的是强化正面影响。在幼儿园,一名能写出自己名字的小朋友就会获得一朵大红花。在一年级,他只有把名字写得工工整整才可能得到红花;而到了二年级,同样的名字至少得写出漂亮的字体才有可能得到上述奖励。昨天能让狗狗获得奖励的行为,在今天大概就不适用了。这就是我们所说的"提高门槛"。

一开始教狗狗握手时,只要它肯抬起一只爪子,就要奖励它。一旦它掌握了窍门,你就得提高门槛,要求它把爪子抬得更高,或者抬起的时间更长,然后再给它奖励。

通常的经验是,每当狗狗能达到 75% 的成功率时,就提高门槛,要求它做得更好,然后才能获得奖励。

最好不要总是不停地在提高和降低门槛间转换。你应该保持稳定一致,并且要求狗狗在反复的表现中达到相同的水准。直到确定狗狗总是能达到 75% 的成功率后,再进入更难的步骤,要求狗狗做出更复杂的动作。

想一想:

回忆一下你最近在教狗狗的技能。

你的狗狗能达到多高的成功率?你的要求是不是太高了?或者太低了?

_____

_____

_____

技能 5　　握手

训练内容:

使用提高门槛的方法教会狗狗"握手"。

使用提高门槛的方法教授狗狗握手的动作时,我们先只要求它抬起一只爪子。等到它做这个动作的成功率达到75%时,我们再要求它抬得更高,时间更长。

疑难解决

如果你的狗狗用鼻子而不是前爪去够你的手,你就用手把它的鼻子推开,阻止这种行为。它可能会叫,会用鼻子蹭来蹭去,也可能没有任何反应。这时,你要有耐心,要不断地鼓励它。如果它总是不抬爪子,你可以轻拍它的爪子,或者握住它的爪子帮它抬起来,然后奖励它。

进度日志

☐ 我的狗狗能在地面上用前爪抓我的手。

☐ 我的狗狗能在我的手离开地面时用前爪抓我的手。

☐ 我把手中的食物藏在身后,我的狗狗也能把前爪放在我的手中。

☐ 我的狗狗能根据指示做出这个动作。

练习:

你的狗狗抬起的是左前爪还是右前爪?

和人类一样,大多数狗狗在使用爪子时也有偏好性:不是左撇子就是右撇子。要想确定你家狗狗的惯用爪,你可以观察一下它在抓住骨头啃或者按住填满食物的噬咬玩具时用的是哪一只爪子。(或者你也可以将胶带贴在它的嘴上,观察它用哪只爪子去撕。)

有些狗狗没有明显的惯用爪。这类狗狗通常都有明显的噪音恐惧症,对雷电和烟火会有很强烈的反应。一项在人类中开展的类似研究也表明,用手偏好性较弱与极端焦虑之间存在一定联系。

我家狗狗的用爪偏好是:

_____

小贴士!

多数狗狗都有惯用爪,所以我们可以从教它用惯用的那只爪子来跟你握手做起。

技能点：提高门槛

握手时，你的狗狗会礼貌地抬起前爪，容许客人握住它的爪子。

口令提示

握手

动作信号

训练步骤:

1　让狗狗坐在你面前，你的手里藏一块食物，放低到地面。使用"来拿"或者"握手"来鼓励狗狗用爪子去够食物。只要狗狗抬起爪子就给它奖励。

2　只要狗狗的成功率达到了 75%，那就提高门槛，把你的手抬得更高一些。

3　改用手部信号。站起来，将拿食物的手放在身后，同时伸出另一只手，并发出"握手"的指令。等狗狗抓住你的手时，握住它的爪子继续悬在空中，同时用藏在身后的那只手给它奖励。记住，一定要在它保持正确的姿态时，也就是一只爪子放在你的手中时，才给它奖励。

训练日志

训练这项技能 100 次。
每训练 5 次，就在下方表格中做一个标记。

技能掌握

日期：_____　　备注：_____

奖励标记

在你的狗狗做出正确的动作时,立刻使用类似于"很好!"这样的标记词,让它知道它获得奖励的确切时刻。

我们已经知道,要在狗狗做出正确动作的确切时间内奖励它,这一点很重要,这样它才能知道自己被奖励的原因。不过有时候,这一点在逻辑上是很难做到的。例如,如果你的狗狗在学习跳圈,你不可能在它跳起来穿越圆圈的同时,把奖励扔进它的嘴里。

不过你可以在确切的时间使用特定的词汇,例如"很好!"来让你的狗狗知道它获得奖励的确切时刻。这样,你就可以在几秒钟后再给它真正的奖励了。我们称这类特定的词汇为奖励标记词。

奖励标记词有时候也可以被称作桥词(因为它像桥梁一样,连接了正确动作与奖励的间隔时间)。在日常生活中,你可以在狗狗做对时说:"很好!"然后在它获得奖励前一直说:"去吃饼干!去吃饼干!"同时跟它一起跑向饼干罐。(最好在几个主要的房间里都备上饼干罐,这样你就能在有需要时及时奖励狗狗了。)

想一想:

提前做好准备,能帮助你更快地对狗狗的正确行为做出反应。

写下你想要奖励狗狗的3种行为,并为标记奖励时机而准备好标记词"很好!",以及标记行为——跑向饼干罐。需要奖励的行为可能包括:在被叫到时跑过来;按照你的指令把鞋子拿过来;在你回家时礼貌地坐在门口迎接,而不是跳来跳去。

① _____

② _____

③ _____

技能 6　　跳呼啦圈

训练内容：

使用奖励提示词教会狗狗"跳呼啦圈"。

在你的狗狗穿过呼啦圈时，你要用奖励提示词"很好！"来让它知道它可以获得食物奖励。然后一旦它穿过了呼啦圈，就给它奖励。

疑难解决

把呼啦圈里的珠子取出来，没有噪音的呼啦圈对狗狗来说不会那么可怕。跳环时不要给狗狗太大压力，让它自己做决定。如果狗狗拒绝从呼啦圈里穿过去，你可以用狗绳牵它过去，或者把呼啦圈放在门口，阻止它从旁边绕过去。如果呼啦圈掉在地上吓到了狗狗，不要去哄它，这样只会证实它的恐惧。就当什么事也没有发生过，继续教学就好。

进度日志

☐ 我的狗狗在食物的引诱下钻过了呼啦圈。

☐ 我的狗狗穿过了离地的呼啦圈。

☐ 我的狗狗跳过了呼啦圈！

练习：

选择一个独特的奖励提示词。

我所挑选的奖励提示词或声音是：

_____

_____

奖励提示词具有这些特征：

☐ 别致
☐ 简洁、清晰
☐ 一致性
☐ 易表达

小贴士！

这是一项运动类技能，所以首先要确定你的狗狗身体健康，没有关节炎和髋关节的毛病。时刻注意狗狗有没有不舒服的迹象，并且不要怂恿狗狗去跳跃超出它的努力范畴的高度。注意控制狗狗的体形，这样它才能以接近水平状态的动作跳起并径直落下。最后，要确保地面有很好的摩擦力。

技能点：奖励提示词

狗狗从固定着的或者被拿在手里的呼啦圈中跳过去。

口令提示
跳

训练步骤：

① 使用靠近狗狗的那侧手臂拿住呼啦圈，立在地上，告诉它"跳"，同时用另一只手中的食物引诱它穿过呼啦圈。当它穿过呼啦圈时，用"很好！"来标记这个时刻，然后给它食物奖励。

② 等到狗狗弄懂了之后，开始慢慢将呼啦圈从地面上拿起来。有时候狗狗会被呼啦圈绊到，所以如果感觉到它被绊住了，就松开呼啦圈。

③ 如果你的狗狗体能足够，那么再次抬高呼啦圈，让它必须跳起来才能通过。可以用你的手指向斜上方，让它先做好起跳准备。

训练日志

训练这项技能100次。

每训练 5 次，就在下方表格中做一个标记。

技能掌握

日期：_____   备注：_____

响片

海洋哺乳动物训练师会使用哨子作为奖励提示；驯马师会打响舌；其他一些训练师会打响指或者使用"很好！"之类的提示词。有些驯犬师会使用一种叫作响片的手持工具。响片大概有拇指那么大，中间有一块金属舌簧，按下时会发出咔哒的响声。

响片最早是动物园的驯兽师训练猛兽，以及训练电视和电影中的动物演员时使用的。响片的声音是标准化的，这样不同的训练师在训练同一只动物时就能保持一致性，这是一个很大的优点。

为什么我不能使用自己的声音来代替响片？

通常逻辑下，使用独特的词语来作为奖励标记比使用手持的响片要方便得多；不过，响片也有其自身的优点。响片能帮你营造更"洁净"的训练环境，不会有那么多嘈杂的话语声和情绪。响片的声音精确、前后一致，不会因为情绪而发生变化。

精确的时机：

响片的声音很短促、清脆、易辨别，可以标记出确切的时间。如果使用口令提示词，最好选择简短、清脆的类型。有些新手训练师也会觉得使用响片比使用词汇更有效率，反应更快。

前后一致的声音：

新手训练师经常会因为不同的心情而使用不同的方式说出奖励提示词，而响片的声音总是相同的。

过滤情绪：

狗狗对我们的情绪非常敏感。响片能够将你声音中的挫败、愤怒或其他的情绪与奖励提示区别开。这样，狗狗就能将注意力集中到它正在做的事情上，而不是担心你的情绪如何变化。不要低估了这一点的重要性——这正是响片最大的优势所在。

预备提示词 / 预备响片

　　准备好尝试了吗？你可以选一个独特的词作为你的奖励提示词，不过为了演示方便，我们先假设你用了响片。第一步就是为响片工具做预备工作，也就是让你的狗狗在响片声与食物奖励之间建立关系。这一步很简单，只要时不时地按响响片，然后立刻给你的狗狗食物奖励即可。不久，你的狗狗在听到响片声时就会立刻抬起头转向你，这就表明它已经建立起了食物与响片声之间的联系。只要几分钟的时间（可能也就 20 下响片声），你就可以准备好开始训练了。

使用提示词或者响片有 3 条原则：

① 对每一项你认为应当鼓励的行为都按响响片。

② 在正确行为出现时立刻按响响片（要在狗狗还保持着正确的动作时）。

③ 一次响片声，一次食物奖励（不要一次按很多下）。

练习：

使用响片，训练禁止狗狗拖拽狗绳的行为。

外出遛狗时，带上响片和一口袋食物奖励。狗狗只要停止拖拽狗绳，使狗绳松弛了下来，你就按响响片，并且给它一个奖励。精确的时间控制会让它明白自己获得奖励的准确时间。你可以在 20 分钟的遛狗时间里反复进行这一训练。

在这次遛狗时间结束时，你的狗狗有没有变得更有礼貌了呢？

_____

_____

后退

后退也是进步的一部分。

让狗狗保持动力的关键就是，让它能够不断地赢得挑战，获得成功。这就需要你在提高门槛（要求它做出更难的行为）和后退（让它做出更容易的行为）间不断切换。

尽量不要让你的狗狗连续做错两次或三次以上，否则它会感到挫败并变得不愿意继续学习。如果你的狗狗变得不情愿，你可以暂时降低课程的难度，以提高成功率。退回到更容易的步骤，让它享受一会儿成功。

学习一项技能的过程并不是线性的。你的狗狗会经历一系列的进步和退步。不要拒绝退回到上一步——通常这个过程只需要片刻时间，但它却能够带给狗狗继续前进的信心。

无论如何，绝对不要在狗狗失去自信时强行推进训练。相反，你应该后退几步，从能够最大程度展现狗狗自信的地方开始巩固它的技能。

想一想：

后退练习。

新手训练师都很讨厌后退练习，因为这会让他们觉得自己做了无用功。强迫你自己做后退练习。回到第 5 项技能（"握手"），复习一下各个步骤。为了达到训练的目的，请告诉你自己，每次狗狗失败时，你都要后退到上一步。训练中有很多事项需要注意，这个练习可以帮助你记住训练步骤的连续性，方便你在各个步骤间前后切换。

你完成这个练习了吗？

_____

_____

技能 7　　跳胳膊圈

训练内容：

使用前进和后退相结合的方法教狗狗"跳胳膊圈"。

以跳呼啦圈为基础教授狗狗从双臂环成的胳膊圈中跳过，你需要使用前进与后退相结合的方式，让狗狗在接受挑战的同时保持一定的成功率。

疑难解决

如果狗狗不愿意从你的胳膊圈中跳过，你也许应当退回到跳呼啦圈这一步，练习几次。这样前后切换步骤，有时候跳呼啦圈，有时候跳胳膊圈。

进度日志

☐ 我的狗狗能从呼啦圈中跳过。

☐ 我用手臂围住一个呼啦圈，狗狗从中跳了过去。

☐ 狗狗从我的胳膊圈中跳了过去。

练习：

你后退的幅度够吗？

训练跳胳膊圈时，可以让你的朋友帮忙记录成功与否。（如果成功了，你就说"很好！"并给予狗狗奖励。）如果你在提高门槛和后退之间切换得宜，那么一个训练周期中失败的次数应该不超过 2 次或 3 次，而成功的次数应该有 10~15 次。

成功

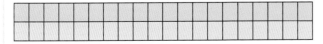

不成功

小贴士！

有些狗狗会对从距离你的头部和身体那么近的地方跳过去心存顾忌。如果狗狗不小心伤到了你，不要表现出来！否则它会因为害怕伤到你而拒绝继续练习。

技能点：降低门槛

狗狗从你用双臂围成的胳膊圈中跳过。

口令提示

跳

动作信号

训练步骤:

1 先做几个"跳呼啦圈"动作(技能6)来热身。

2 在狗狗跳圈时,逐渐用双臂环住呼啦圈,注意不要让你的头挡住了狗狗跳跃的路线。

3 继续练习,将呼啦圈放在一边,命令狗狗只从你的胳臂圈中跳过。如果狗狗的体积很大,那么你在环绕时就不用把双手完全环住。如果狗狗不愿意,就先退回到跳呼啦圈。

训练日志

训练这项技能 100 次。

每训练 5 次,就在下方表格中做一个标记。

技能掌握

日期:_____ 备注:_____

用上你学到的所有技能

跟随本书学到这里，你应该已经基本掌握了狗狗训练的各种核心理念。我们先快速复习一下已经学到的知识。在教授下一项技能"挥手告别"时，记得把这些技能都用上。

训练中的十大核心理念

① 按照 _____、_____、_____ 的顺序进行训练。

② 食物奖励应当 _____ 。

③ 应当在你的狗狗 _____ 的时候给予奖励。

④ 如果不能在正确的时机进行奖励，应当先用 _____ ，然后再给予奖励。

⑤ 在狗狗保持 _____ 的动作时给予奖励。

⑥ 将课程难度充分降低以便获得足够多 _____ 的重复。

⑦ 等到狗狗能够达到 _____ % 的成功率时就提高门槛。

⑧ 如果狗狗表现出不愿意，就 _____ 到容易一点的步骤。

⑨ 以 _____ 行为为基础。

⑩ 向狗狗提供帮助（或 _____ ）时，应当逐步增加强度。

（解答见本书第 39 页）

技能 8　　　挥手告别

训练内容：

使用已经学到的核心理念来将握手升级为"挥手告别"。

教授狗狗"挥手告别"，将用到你已经学到的所有核心理念。

疑难解决

确保狗狗处于坐姿，因为这个姿势可以让它够得更高。如果狗狗总是走向你，试图触摸你的手，那么请你站远一点，并在发出指示时伸直手臂指向他。直到最后一刻再收回手臂，这样它的爪子就抬起在半空中了。与此同时，要记得奖励这个动作！

进度日志

☐ 我的狗狗能握手。

☐ 即使我的手抬得比平时高，我的狗狗也能握住。

☐ 我的狗狗只能碰到我的手指。

☐ 当我在最后一刻抽回手时，我的狗狗仍能把爪子抬到半空中了。

☐ 我的狗狗能按照指示挥手告别。

练习：

记录你的成功率。

训练师印象中狗狗的成功率通常都会比实际要高，这很正常。按顺序练习"握手"/"挥手告别"中的每个步骤各 10 次，记录一下狗狗的成功率到底有多高：

_____狗狗拍了我放在地上的手。

_____狗狗抓了我稍微抬高一点的手。

_____狗狗跟我握了手。

_____即使我的手抬得比正常情况要高，狗狗仍然抓住了。

_____我的手抬得很高，狗狗只够到我的手指。

_____当我收回手时，狗狗把爪子抬到了半空中。

_____狗狗按照我的指示挥手告别。

小贴士！

有时候，如果你太过迅速地提高门槛，狗狗会很有挫败感。这时你应当暂时退回到上一步，让它获得更多的成功。

技能点：使用训练的核心理念

挥手告别时，你的狗狗将爪子高高抬起，在空中挥动。

口令提示

拜拜

动作信号

训练步骤：

1 让狗狗坐下，面向它，并命令它"握手"（技能5）。

2 逐渐加大提示的力度，提示它"拜拜，挥手"，然后伸出你的手，要比平时握手时稍稍抬高一点。你的狗狗没办法在那么高的高度握手，所以它的动作看起来像是在用爪子碰你的手。

3 把你的手收回一点，稍稍远离狗狗，让它只能勉强碰到你的手指。

4 在最后一刻把你的手收回来，让它完全碰不到，只能在半空中抬着爪子。告诉它"很好！"来标记它做出这个正确动作的时刻，让它明白目标动作不是握手，而是在半空中挥手。

训练日志

训练这项技能 100 次。
每训练 5 次，就在下方表格中做一个标记。

技能掌握

日期： _____   备注： _____

复习

坐下

狗狗做到哪一点时要立刻奖励它？

_____

抬爪

教授一项技能需要三个连续的步骤。请按顺序列出步骤：

_____、_____、_____

鞠躬

狗狗的身体保持什么姿势时，我们应该奖励它？

_____

祈祷

是否需要在狗狗完全掌握了上一项技能时，再以此为基础教授升级技能？

_____

握手

当狗狗达到 _____ % 的成功率后，我们就提高门槛。

跳呼啦圈

设定奖励标记的目的是什么？

_____

跳胳膊圈

如果你的狗狗在一轮训练中出错超过 _____ 次，那就应该退回到更容易一点的上一步了。

（解答见本书第 39 页）

学习的过程只存在于成功中还是失败中？

一开始应当给狗狗它更不熟悉的提示（指示）还是它更熟悉的提示（例如按它的鼻尖让它鞠躬）？

驯犬师有时候会用哪种手持的小工具来作为奖励提示？

如果狗狗重复多次都没有达到预定目标，你应当怎么做？

核心理念

给自己掌握每项技能的程度打分。

娴熟运用	需要提高	不会用	
☐	☐	☐	在正确的时机给予奖励
☐	☐	☐	奖励正确的动作
☐	☐	☐	降低成功的标准
☐	☐	☐	使用奖励提示
☐	☐	☐	尽快给予奖励
☐	☐	☐	诱导狗狗做出正确动作
☐	☐	☐	提高门槛
☐	☐	☐	后退
☐	☐	☐	逐步增加提示
☐	☐	☐	保持积极的情绪
☐	☐	☐	对狗狗要有耐心

你的狗狗是左撇子还是右撇子？

你的奖励提示词是什么？

训练计划

我会继续教授我的狗狗本阶段中的这些技能：

☐ 坐下

☐ 抬爪

☐ 鞠躬

☐ 祈祷

☐ 握手

☐ 跳呼啦圈

☐ 跳胳膊圈

☐ 挥手告别

解答：

第16页： 口令提示、诱导狗狗去够你手中的食物、轻拍狗狗的腕部、抬起狗狗的腕部。

第34页： ① 指示、行为、奖励；②小、软、美味；③做出正确的动作；④奖励提示；⑤ 正确的；⑥成功；⑦75；⑧退回；⑨已知的；⑩提示。

第38页： 动作正确。指示、行为、奖励。正确的动作。不是。75。让狗狗明白他是在做出正确动作的那一刻获得奖励的。两三次。

第39页： 成功中。不熟悉的。响片。退回到更容易的上一步。

再评估

我学到的知识

> 我们应当在一个充满爱与关怀的环境中，向狗狗提供公正且具有连贯性的训练框架，只有这样它才能有机会成为一只"优秀的狗狗"。而这是我们能给予狗狗的最有价值的东西。

现在，你已经学会了如何在正确的时机奖励狗狗，在日常生活中，你有发现你所掌握的奖励时机对狗狗训练产生了什么影响吗？

_____

你现在是否觉得自己理解了接下来的步骤，而不再是深感挫折？

_____

这些技能训练我重复了100次：

_____

_____

在这些时刻，我真的非常开心：

_____

_____

在所学会的理念中，对我帮助最大的是：

_____

_____

狗狗的进步

> 我们的目的并不是要抑制狗狗的天性，教会它服从，而是要和自信快乐的狗狗建立愉快的关系，给予狗狗做正确的事的动力，而不是让它害怕犯错。

你的狗狗有动力去做正确的事吗？

_____

_____

_____

我的狗狗喜欢这些练习：

_____

我的狗狗能听得懂这些奖励提示词：

_____

我的狗狗将这些技能掌握得非常好：

_____

我的狗狗为别人表演过这些技能：

_____

我们的关系

狗狗的各种技能在我们巩固与狗狗关系的过程中发挥着重要的作用。那不仅仅是游戏，也是一个改善我们与狗狗的交流、增进双方关系的机会。

一开始，我以为我的狗狗绝对学不会这项技能，可是后来，出人意料的事情发生了：

_____

我非常开心，因为我看到我的狗狗非常享受这些：

_____

每当准备开始训练时，我看得出来我的狗狗非常兴奋，因为它：

_____

我非常为我的狗狗骄傲，因为：

_____

我的承诺：

我承诺，我将按照以下方法使用这本书：

_____

_____

_____

"狗狗与主人间潜在的情感互动才是两者间亲密关系的基础。"

方 法
5 种训练方法

在第 2 阶段，你将会学到诱导狗狗做出行为的 5 种方法，并在教授新技能时依次练习使用每一种方法。每种方法都有自己的优点和缺点，而且并非都适合每只狗狗与每位主人。

你会学到如何使用具有连贯性的口令提示和直观的手势信号，从而让狗狗更容易地明白你的意图。你会学到如何明确地了解自己想要从狗狗那里获得的东西，并以连贯性的方式要求狗狗做到。

第 2 阶段的技能包括转圈、端坐、蒙眼睛、唱歌、说话、踢球和爬行。

5 种引导狗狗做出行为的方法

我们都知道狗狗只有在不断重复的成功中才能学到东西。我们让狗狗做动作，然后给它奖励。这个过程的窍门在于，如何在一开始的时候让它做出该做的动作！

你可以用以下这 5 种方法来诱导它做出行为：引诱、摆造型、模仿、守株待兔和塑造。在这一阶段，我们将通过使用上述方法教授新技能，以此来学习这 5 种技巧。

这 5 种引导行为的方法并不是同等重要的，而且也不是对每位训练师、每只狗狗、每种情境都适用。你应当注意哪种方法最适合你，最能在你的狗狗身上产生最好的效果。

这些就是我们的"工具"，不过有时候，为了达到效果还是要将几种方法结合起来使用。

引诱

摆造型

模仿

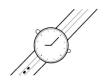

守株待兔

塑造

引诱，就是鼓励狗狗在食物奖励的诱导下摆出正确的姿势。

只要条件许可，比起你帮狗狗摆出正确的动作，引诱狗狗自己做出正确的动作总是更可取的选择。

之前在教授坐下时，我们就使用过引诱的方法。通过使用食物诱导狗狗抬起鼻尖，臀部落在地面上，从而形成坐下的姿势。只要狗狗一做出正确的动作，我们就立刻给它奖励。

在引诱训练中，响片和奖励提示词基本上都是多余的。食物奖励本身就是提示，并在正确动作做出的那一刻就给了出去。而响片也并没有起到传达更多信息的作用。

引诱的方法是快捷的、灵活的、精确的，对训练者和狗狗而言，这种方式很容易学到。狗狗的很多技能训练都是用这种方式教授的。不过，这种方式并非适用于每项技能。它只能引导狗狗头部运动，并希望狗狗的身体会跟着一起动。不过使用引诱的方法，无法教会狗狗叫，也无法教会狗狗取东西，又或者蒙眼睛。

> **想一想：**
>
> 我们用引诱的方法诱导狗狗头部的动作，并假定它的身体会跟着一起动。以下哪些动作可以很容易地通过引诱的方式被教会，哪些又不行呢？
>
> ☐ 坐下　　　　☐ 跳呼啦圈
>
> ☐ 转圈　　　　☐ 握手
>
> ☐ 叫　　　　　☐ 打滚儿
>
> ☐ 穿过隧道　　☐ 用爪子蒙住眼睛
>
> ☐ 拉绳子　　　☐ 爬行
>
> ☐ 直立行走　　☐ 叼飞盘
>
> （解答见本书第 77 页）

技能 9　　转圈

训练内容：

使用引诱的技巧教会狗狗"转圈"。

教授狗狗"转圈"时，我们用食物引导它的头绕一个大圈，并希望它的头跟着食物运动的同时身子也会一起转！

疑难解决

如果你的狗狗只转了半圈，那可能是因为你的手伸得太远，向前伸的动作太快，导致狗狗跟不上了。那么，从你的腹部开始，把手先移向身体的一侧，然后再向前伸。

练习：

测试狗狗的奖励等级。

对于大多数狗狗来说，"人类的食物"所代表的奖励等级要比狗粮高。使用不同的食物，测试一下在你的狗狗最喜爱的食物名单上，哪个排名更靠前。

☐ 热狗　　　　☐ 动物肝脏
☐ 冷冻肉球　　☐ 奶酪泡芙
☐ 鸡肉　　　　☐ 花生酱
☐ 奶酪　　　　☐ 虾
☐ 面条　　　　☐ 鱼罐头
☐ 披萨饼皮　　☐ ＿＿＿＿＿
☐ 胡萝卜　　　☐ ＿＿＿＿＿
☐ 绿豆　　　　☐ ＿＿＿＿＿
☐ 牛排/汉堡　　☐ ＿＿＿＿＿

"你的每位家庭成员与你的狗狗之间的关系都是独特的。如果你有不止一只狗，那么你和每只狗的关系也都是独立的。要让每只狗都有自己的游戏课程、训练课程，以及与你独处的时间。"

小贴士！

将热狗放在盖着纸巾的盘子上，放入微波炉加热3分钟，绝对是一份美味的奖励！

技能点：引诱

你的狗狗沿顺时针或逆时针方向原地转一圈。

口令提示
转
动作信号

训练步骤：

1 让狗狗面向你，你的右手中藏一块食物，并将手靠近肚脐。口令提示狗狗"转"，同时将右手慢慢移向你的右侧，引诱它扭头。

2 继续沿逆时针方向画一个大圈，动作要慢，让狗狗跟上你的动作。

3 在转完一圈后，奖励它食物，让它明白这就算动作正确了。

4 随着狗狗的进步，提高门槛，让画圈的速度更快些，画的更小些，直到最后只需翻转手腕就能让它做出正确动作。

训练日志

训练这项技能 100 次。
每训练 5 次，就在下方表格中做一个标记。

技能掌握

日期：＿＿＿＿＿＿＿＿　　备注：＿＿＿＿＿＿＿＿＿＿＿＿＿＿＿＿＿

摆造型，就是直接用手操作，帮你的狗狗摆出正确的姿势。

引导狗狗做出一个动作的最直接的办法就是摆造型。

举个例子，按住狗狗的下半身教它坐下来，按下狗狗的肩膀教它躺下，或者拉动狗绳教它站起来走路。一般而言，我们只能摆弄狗狗身体的核心部分，并借此引导它做出坐下、躺下、站起来走路之类的大动作。注意不要摆弄狗狗的头、尾巴或者爪子，因为这会让它感到恐惧，变得不愿意或者不会学习。

你可能会忍不住要用手帮狗狗的身体摆出造型，因为比起其他方法，这种方法速度更快，更精确直观。但事实上，这么做反而会让学习的过程变得更长。给狗狗摆造型，实际上是教它放弃主动权，等着被人引导。这样它就不太会去动脑，也不太会主动去学习完成动作所需的运动技能。给狗狗摆造型时，记得动作幅度要能有多小就有多小。你应当使用轻触来作为提示，让你的狗狗主动完成动作。

想一想：

直接摆弄可能会让你的狗狗觉得你很专横。想一下你可以怎样改变自己的肢体语言，好让你的狗狗觉得你没有那么专横？

① _____

② _____

③ _____

技能 10 端坐 / 请求

训练内容：

使用摆造型来教会狗狗"端坐 / 请求"。

在这个动作中，狗狗需要大量的练习才能学会自己掌握平衡。使用摆造型的方法，我们可以帮它摆出自己无法独立完成的姿势。

疑难解决

这一技能对于体型短小的狗狗来说会更容易一些。体型大、身体修长或者胸部发达的狗狗也可以学，不过它们需要更多的时间来学习掌握平衡。

进度日志

☐ 我的狗狗在请求时靠在我的双腿上，并需要我用手支撑住它的前胸。

☐ 我的狗狗不用我支撑它的前胸，就能摆出请求的动作。

☐ 我的狗狗请求时，只需要我用手护着它的背。

☐ 我的狗狗不需要帮助就能摆出请求的动作。

练习：

建立互相信任的关系。

狗狗一般都比较抗拒别人来摆弄它的身体。信任训练能帮助你的狗狗更加适应你的触摸。进行以下训练，并温和地处理狗狗在练习中遇到的困难。

☐ 触摸它的爪子   ☐ 给它洗澡

☐ 仔细检查它的爪子   ☐ 抚摸它的尾巴

☐ 给它剪指甲   ☐ 抚摸它的背

☐ 检查牙齿   ☐ 在它躺在地上时从它身上跨

☐ 给它刷牙   过去

☐ 按摩它的耳朵   ☐ 给它翻身体

☐ 清洁它的耳朵   ☐ 把它抱起来

☐ 给它擦眼睛   ☐ ＿＿＿＿＿＿＿

小贴士！

这项训练会增强大腿和下背部的力量，这对任何狗狗而言都是有好处的！

技能点：摆造型

首先摆出坐姿，狗狗抬起它的上半身，同时保持下半身着地。狗狗应当臀部着地，挺直脊柱，两只前爪放在前胸处。

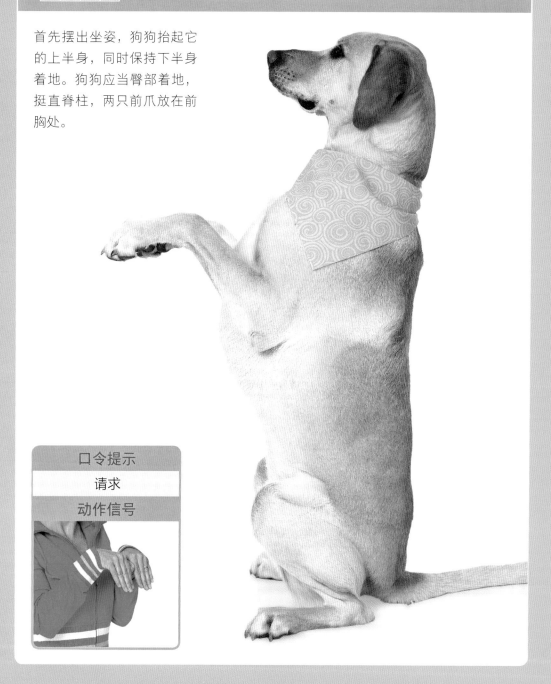

口令提示

请求

动作信号

训练步骤：

1 让狗狗坐下，你站在它的正后方，并拢脚后跟，脚尖分开。

2 使用一块食物引诱它的头向后移动，慢慢抬起，直到它立起上半身，用另一只手帮它稳住胸部。一定要沿中线移动，这是狗狗保持平衡的关键。用食物引导狗狗向前伸展身体，从而绷紧并挺直它的躯干。

3 狗狗需要找到平衡感。随着它的进步，背部和胸部的辅助可以逐步减弱。

训练日志

训练这项技能 100 次。

每训练 5 次，就在下方表格中做一个标记。

技能掌握

日期：＿＿＿＿＿＿＿＿　　备注：＿＿＿＿＿＿＿＿＿＿＿＿＿

模塑需要使用工具来强制狗狗改变行为。

模塑是摆造型的一种,需要我们使用工具来规范狗狗的行为。

例如,让狗狗沿着墙走,以此来学习站立行走;使用引导绳来教狗狗绕杆;把胶带或便利贴粘在狗狗的嘴部来教它学习用爪子遮住眼睛。

想一想:

以下哪种方法属于摆造型(摆弄狗狗的身体),哪种属于模塑(用工具来规范狗狗的行为)。

	摆造型 / 模塑		
①	☐	☐	让它沿着墙走,学习站立行走
②	☐	☐	帮它挺直上半身,学习"请求"
③	☐	☐	使用引导绳,教它绕杆
④	☐	☐	使用便利贴,教它遮住眼睛
⑤	☐	☐	使用弹性发带,教它挥手
⑥	☐	☐	举起它的爪子,教它握手
⑦	☐	☐	使用小栅栏,教它待在原地
⑧	☐	☐	使用两个小栅栏,教它爬过隧道
⑨	☐	☐	使用两根平行木杆,教它坐直

(解答见本书第77页)

技能 11　　　蒙眼睛

训练内容：

使用模塑教会狗狗"蒙眼睛"（"遮脸"）。

这个技能非常受人欢迎，因为狗狗这么做时的样子真是可爱极了！"快蒙眼睛，恐怖电影要开始了！"

疑难解决

如果你的狗狗忍受着鼻子上的胶带，只是呆坐在那里，没有任何反应，就用手轻拍胶带，让它意识到胶带的存在，鼓励它像对待虫子一样攻击胶带："弄掉！弄掉！"你也可以尝试把胶带贴在不同的地方，例如眼睛上方或下方，或者头顶。

如果你的狗狗不去抓胶带，只是摇头或者在地上蹭，那就命令狗狗趴下。此时，狗狗就不方便再摇晃脑袋了，它可能会把脑袋伸到爪子下面去把胶带蹭掉。完美！做好准备，在它把脑袋伸到爪子下面的时候奖励它。

进度日志

- [ ] 我的狗狗使劲拍打胶带。
- [ ] 我的狗狗在趴下时把脑袋放在手腕下面。
- [ ] 我的狗狗在坐着时使劲拍打胶带。
- [ ] 只要我轻拍狗狗的口鼻，它就会使劲拍打它的口鼻。
- [ ] 我的狗狗会根据提示蒙上眼睛。

练习：

为狗狗庆祝！

哇哦，你的狗狗很努力——一定要认可它的成绩！不管是最佳握手奖还是最佳态度进步奖，今晚你的狗狗都值得一份特别的奖励。

我的狗狗达成了：

_____

_____

小贴士！

教授这项技巧时要注意观察你的狗狗，注意它更习惯使用哪只爪子来撕掉胶带。那应该就是它的惯用爪（见第21页）。你可以将胶带多贴在那一侧，方便狗狗去撕。

技能点：模塑

狗狗把爪子放在口鼻上，蒙住眼睛。

口令提示
蒙眼睛

动作信号

训练步骤：

1. 将便利贴或胶带纸贴在狗狗的口鼻处，鼓励它"揭开，拿掉！"只要用爪子轻轻一蹭，胶带应该就能被揭掉。一旦它做到了，就对它说："很好！"并给它食物奖励。

2. 有些狗狗更喜欢趴着揭开胶带。当狗狗把头伸进腕部下面时，也要立刻给它奖励。

3. 等到狗狗能够轻而易举地揭开胶带后，就不要再用胶带了。只要轻轻点一下口鼻处常贴胶带的位置即可。如果狗狗不做揭胶带的动作，那就退回到使用胶带的步骤。

4. 试着在狗狗坐着时练习上述步骤。如果狗狗抬起爪子去揭胶带，那就在它保持正确动作时，把食物放在低于狗狗手臂高度的地方，并奖励给它。

训练日志

训练这项技能 100 次。
每训练 5 次，就在下方表格中做一个标记。

技能掌握

日期：_____   备注：_____

前后一致

你的脑海中要有正确动作的画面，这样才能清楚地知道狗狗有没有达到目标。

训练狗狗要讲究前后一致。你的要求、反馈和结果越保持前后一致，狗狗学习的速度就越快。

你的要求应前后一致

如果你自己都不知道正确的动作应该是什么样子，那狗狗就更不可能知道了。当你提示它"握手"时，你指的到底是什么呢？是让狗狗抬起爪子再放下来吗？还是说它应该一直抬着爪子，直到你握住？

这些问题并没有错误或正确的答案，只要你清楚地明白自己的要求是什么就行。弄清楚自己想要得到怎样的结果，这样才能知道狗狗有没有达到目标。

专业训练师的语言模式

世界各地的动物训练师都使用一致的声音模式。为了让动物加快行动速度，训练师总是使用短促、快速重复的指示，例如"快快！"。雪橇犬运动员使用"加油！加油！"或者"驾！驾！"来让狗狗加速。在技能竞赛中，训练师会使用"加油！加油！加油！"或者"绕！绕！"来让狗狗尽快绕过标杆。我们会不停地拍手让狗狗过来，因为急促的声音能让它们行动起来。

为了让动物慢下来，训练师会使用单一的长音，例如"哇——哦——""放——松——"或者"稳——住——"，又或者长长的哨音，就像牧羊犬的主人们使用的那样。

如果动物行动太快，急促的单音能使它们停下来。尖厉的哨音或一声"嘿！"所带来的惊吓与舒缓绵长的单音所带来的效果是不同的。急促的单音可以打破它的思维定式，使它在追逐的途中停下来。

不要带情绪训练

聪明的主人都有一种能力，那就是将自己的情绪和自己的声音、动作分离。不要让你的情绪影响了你的训练技术。每次发出语言指示时都要使用同样的声音和语调，发音也要清晰。

如果你察觉到自己在训练中变得越来越愤怒焦躁，最好的办法就是先暂时离开。将情绪发泄到狗狗身上会让训练明显退步。

耐心

第一次教授新的技能时，经常会出现狗狗无法理解你的意思，并且不知道应当做出怎样的行为的情况。它可能会扭来扭去，伸着爪子，完全被你手中的食物迷住。

不要因此而沮丧。要每天一遍遍地重复，保持心态平和，持之以恒地训练。总有一天，它会灵光一闪，明白你的意思！这种时刻最能增进你们之间的关系！

你的狗狗需要时间来学习，需要一遍又一遍不断地重复。成功的训练者与不成功的训练者之间通常只有一个很简单的区别，那就是能不能做到坚持不懈。

训练中不要带情绪，声音要有一致性，不要在其中夹杂恼怒之类的情绪。

狗狗需要重复100次才能学会一项技能。

> 模仿就是让狗狗照着主人或者另一只狗狗的样子做。

诱导行为的第三种方法是模仿，也叫拟代行为。

狗狗会从其他狗狗身上学习。如果你把一只没有训练过的狗狗和一只记忆力非常好的狗狗放到一起，没有训练过的狗狗就会学着模仿接受过训练的那只狗狗。人们经常会把新手牧羊犬、猎犬或者雪橇犬与经验丰富的狗狗放在一起，以便新手"学习纪律"。那些未发育完全的小狗狗的模仿能力尤其强。

有些品种的狗狗使用模仿的方法更容易训练（牧羊犬类的狗狗就比较适用于这种方法），而且不同个体之间也存在差距。模仿在自然行为中的表现是最好的，例如一起嚎叫、吠叫，一起走路，一起去取东西。

依据不同狗狗的不同资质，有时候你也可以教它模仿其他行为，例如跟你握手、爬行或者转圈等。

练习：

使用模仿的方法来教狗狗逻辑任务。

把一块食物绑在鞋带或粗绳子上，让狗狗看到你把食物慢慢扔到了矮沙发下。狗狗也许会去嗅，或者用爪子去够，但却够不到。30 秒后，再让它看着你把绑着食物的绳子拉回来。先别给它奖励。再重复一遍这个练习，同样，不要给它奖励。到了第三次的时候，不要拉绳子，观察它有没有学会模仿你，自己把食物拉回来。如果它这么做了，就奖励它吧！

第三次时，你的狗狗表现如何？

_____

_____

技能 12　　　唱歌

训练内容：

使用模仿的方法教会狗狗"唱歌"。

　　狗狗在嚎叫时很喜欢互相模仿。只要你找到合适的声音，你的狗狗就会模仿你的"嚎叫"。

疑难解决

　　有时候，你的狗狗只是在你发出那些奇奇怪怪的声音时吠叫。这时，不要对它的吠叫作出任何反应。你继续发出声音，只要你的狗狗在吠叫时跟着发出哪怕一丝呜呜的声音，就立刻奖励它！

进度日志

☐ 我的狗狗轻声呜呜。

☐ 我的狗狗嚎叫。

☐ 我发现了一种声音模式可以引诱狗狗在几分钟后发出嚎叫声。

☐ 我总是能让我的狗狗唱起来。

练习：

你会模仿什么？

你的狗狗喜欢模仿吗？试一试下面这些动作，注意看你的狗狗会不会在你做动作时跟着模仿。做动作的时候要情绪热烈一些，这样更能刺激你的狗狗与你一同玩耍。

☐ 嚎叫／唱歌　　　　☐ 好像发现了猎物一样一动不动

☐ 汪汪叫　　　　　　☐ 游泳

☐ 弓起身子，起哄　　☐ 向上跳
　　似地在地上拍手

☐ 挖地　　　　　　　☐ 跳到某个东西上

☐ 追球　　　　　　　☐ ＿＿＿＿＿＿＿＿＿

☐ 拔河　　　　　　　☐ ＿＿＿＿＿＿＿＿＿

☐ 打哈欠

小贴士！

诱导狗狗模仿你的动作时，语言很容易让它分心。所以请不要说话。

技能点：模仿

狗狗跟着你一起唱歌（或者嚎叫）。

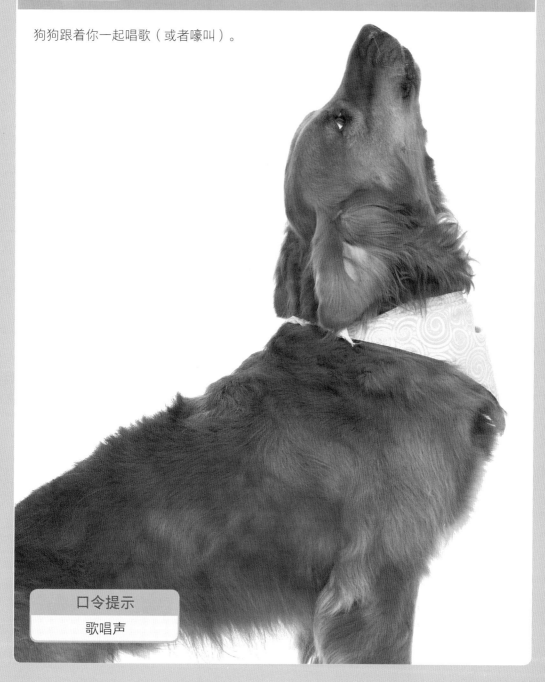

口令提示

歌唱声

训练步骤：

1 狗狗经常会模仿其他狗狗的嚎叫声。培训时还会模
   仿听起来像是在嚎叫的声音，例如汽笛声或者其他
   高音。大多数狗狗都会对口琴有反应。使用不同的
   音高来做实验，看看哪种音调能够引起呜呜的叫声。
   只要它发出呜呜声，就给它奖励！一般只要几分钟
   的时间，你就能得到狗狗的反应。

2 试着让狗狗发出的呜呜声持续时间再长一些，然后
   再给它奖励。

3 嚎叫或者歌唱对狗狗来说本身就是一种奖励。你应
   该很快就能不再使用零食奖励，让狗狗单纯地享受
   行为本身带来的快乐。

训练日志

训练这项技能 100 次。
每训练 5 次，就在下方表格中做一个标记。

技能掌握

日期：_____   备注：_____

守株待兔就是等待狗狗自发做出一个动作，然后奖励这个动作。

使用守株待兔的方法，训练师需要等狗狗自己做出一个动作，然后给予狗狗奖励。

如果使用守株待兔的方法教狗狗鞠躬，你就应该注意它的行动，等它自然而然地做出鞠躬的动作，例如在它刚睡醒时或者伸懒腰后，然后立刻说："很好！"并给它奖励。经过几次之后，它就会明白过来，只要它鞠躬，你就会给它奖励。等到它主动鞠躬领赏的时候，你就可以开始进行相关的口令提示练习了。

守株待兔只适用于狗狗天然存在的行为，你大概是等不到狗狗弹钢琴的那天的，也别想看到狗狗自己主动绕杆或者收拾好玩具！守株待兔还有一个限制条件就是，这些行为出现的频率要足够高，这样狗狗才能明白奖励与动作间的关系。

有些影视用犬的训练师成功使用这种方法让狗狗根据指示打哈欠。教授打哈欠的唯一方法就是要非常有耐心地等狗狗自己打哈欠，并及时奖励它。（曾经有训练师在这个过程中自己先睡了过去。）

想一想：

以下哪些行为是你的狗狗会经常做的，并且你可以用守株待兔的方法来训练它？

☐ 坐下	☐ 用爪子敲门	☐ 取东西
☐ 请求	☐ 用爪子抓的腿	☐ 指向猎物
☐ 用后腿跳舞	☐ 背部扭动	☐ 爬行
☐ 原地转圈	☐ 打滚儿	☐ 直立行走
☐ 鞠躬	☐ 打哈欠	☐ _____
☐ 汪汪叫	☐ 打喷嚏	☐ _____
☐ 嚎叫	☐ 低头	
☐ 挖洞	☐ 回窝里待着	

技能 13　　说话

训练内容：

使用守株待兔的方法教会狗狗"说话"。

我们使用守株待兔的方法来教狗狗汪汪叫。先等狗狗自己发出叫声，然后给它奖励。

疑难解决

如果门铃的刺激不能让你的狗狗发出叫声，试试用食物来引诱它："想吃吗？那就叫出来！"如果得不到想要的东西，它可能会沮丧地叫起来。

进度日志

☐ 我发现了一种能让我的狗狗叫的刺激物。

☐ 我的狗狗只在口令提示时叫，刺激物（门铃声）不会引起狗狗的反应。

☐ 狗狗能按照指示在不同的地方说话。

练习：

守株待兔专用纸板箱。

我们通过这项练习来看看守株待兔的方法对你的狗狗起多大作用。和你的狗狗一起坐在一间空屋子里，把一个纸板箱放在地上。然后等待。只要你的狗狗走过去嗅纸板箱，并用鼻去碰，就说："很好！"并给它奖励。然后再等一会儿。等到它再去碰箱子时，再次说："很好！"并给它奖励。只要足够耐心，并精确掌握好时机，你就能用守株待兔的方法教会狗狗去碰箱子。

你能用这种方法引诱狗狗做出目标动作吗？

_____

如果不能，为什么？

_____

小贴士！

使用提示词"很好"来标记狗狗做出目标动作的时刻。

1 **2** 3 4　　　　　　技能点：守株待兔

狗狗按照提示吠叫。

口令提示

叫或者"说话"

动作信号

训练步骤：

1　观察什么刺激物会让你的狗狗发出叫声，并用它来训练狗狗这一技能。大多数狗狗会在门铃响时发出叫声，我们就以此为例。站在门口，开着门，让狗狗能够听到门铃声。在给出"叫"的指示的同时按下门铃。如果狗狗叫了，就立刻给它奖励，并提示它"叫得好"，来强化提示。重复这个过程6次。

2　继续训练，发出口令提示，但是不按门铃。你可能需要提示好几次才能听到狗狗叫一次。如果狗狗一直不叫，那就退回到上一步。

3　在不同的房间进行这项练习。很奇怪的是，对狗狗来说这种转换可能会很难。如果它没有成功重复，那就退回到上一步。

训练日志

训练这项技能100次。
每训练5次，就在下方表格中做一个标记。

技能掌握

日期：_____　　备注：_____

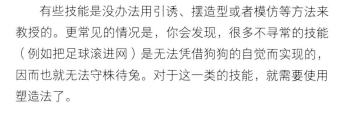

塑造就是通过逐步奖励相近的行为，并要求狗狗一点一点地接近目标动作，从而教会狗狗一项新技能的过程。

有些技能是没办法用引诱、摆造型或者模仿等方法来教授的。更常见的情况是，你会发现，很多不寻常的技能（例如把足球滚进网）是无法凭借狗狗的自觉而实现的，因而也就无法守株待兔。对于这一类的技能，就需要使用塑造法了。

塑造与守株待兔相似，都不需要使用引诱的东西或者直接帮狗狗摆出动作。我们只需等着狗狗自己行动，并给予奖励即可。

不过，在塑造中，我们将一个行为拆解为许多小步骤，然后先从这个技能最基本的元素（例如只碰一下足球）开始奖励。

等到狗狗开始重复去碰足球的时候，我们就提高门槛，只奖励距离目标行为更相近的尝试。

在练习中，狗狗会明白，为了做出能够赢得奖励的正确行为，它需要不断尝试不同的东西。狗狗会试着用爪子刨球、转球、推球或者着球吠叫，尝试各种手段来解决这个谜题。这被称作是针对训练师的投掷行为。

塑造训练的过程中经常会用响片来精确标记正确行为的时间点。

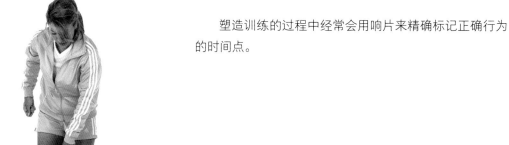

技能 14　　　踢球

训练内容：

使用塑造法教会狗狗"踢球"。

使用塑造的方法来教狗狗把球滚进网里时，我们先从奖励它对足球的兴趣开始。接下来，我们等着它去嗅或者去碰球，并对此给予奖励。然后，我们等着它做出轻轻推球的行为。

疑难解决

要想让塑造的方法起作用，你就需要把一项技能分解为一个个足够小的增量单位，以便你的狗狗能够持续不断地获得成功，不会变得沮丧不安。你必须要能读懂狗狗的情绪。它变得沮丧了吗？你需要退回到更容易的步骤，因为一点点进步就给予它奖励，从而让它保持动力吗？

练习：

试试人类的行为塑造。

想一个你希望你的朋友表演的动作（例如摸她的头，或者单脚跳）。不要告诉她目标动作，只让她自己去尝试不同的动作。只要她的动作距离目标动作又近了一点，就用响片标记那个时刻。在她前几次重复这个动作时继续用响片标记，然后停止标记，让她尝试更接近目标的行为，以便赢得下一次标记。

你挑选的目标行为是？

_____

你成功让你的朋友表演出来了吗？

_____

如果你的超级明星狗狗能滚球
并成功射门，那它一定会在球
迷们面前一鸣惊人。

口令提示

踢球

训练步骤：

1 大球的训练效果更好，因为狗狗捡不起大球。把球放在狗狗面前，只要狗狗表现出对球的任何一点兴趣就按下响片，并给它奖励。通过这种方式来塑造狗狗的行为。

2 提高门槛，等它去嗅或者去碰球时，及时按下响片。如果它用鼻子推动了球，哪怕只是偶然为之，那也要按下响片，并给它一大块食物作为奖励！

3 逐渐提高要求，要求在它将球滚了一段距离或者滚向特定方向时，再按下响片。

4 准备好让你的狗狗踢球了吗？在球门前画一道明确的界线，也可以使用草地的边线。只要狗狗带球过了这条线，就立刻按下响片，给它一个大奖励。

训练日志

训练这项技能 100 次。
每训练 5 次，就在下方表格中做一个标记。

技能掌握

日期：＿＿＿＿＿＿＿＿＿＿　　备注：＿＿＿＿＿＿＿＿＿＿＿＿＿＿＿

口令提示

正确的口令提示：

- 用词前后一致
- 发音清晰
- 语调前后一致
- 能和其他提示很好地区分开，不会把狗狗弄糊涂
- 口令提示可以与手或肢体动作相搭配

成年狗狗平均能够学会 165 个词汇，所以请在使用这些词汇时保持前后一致，以便你的狗狗更容易明白你的意思。你的指令是"躺"还是"躺下"？狗狗跳到你身上时，你的指令是"走开"还是"下去"？你对它说"安静"还是"别叫"？使用前后一致的指令会让你的狗狗更容易理解你的意思。

练习：

把你的指令标准化，以便狗狗更容易明白。写下狗狗能看懂的那些常用指令。

① _____
② _____
③ _____
④ _____
⑤ _____
⑥ _____
⑦ _____
⑧ _____
⑨ _____
⑩ _____
⑪ _____
⑫ _____
⑬ _____
⑭ _____

⑮ _____
⑯ _____
⑰ _____
⑱ _____
⑲ _____
⑳ _____
㉑ _____
㉒ _____
㉓ _____
㉔ _____
㉕ _____
㉖ _____
㉗ _____
㉘ _____

㉙ _____
㉚ _____
㉛ _____
㉜ _____
㉝ _____
㉞ _____
㉟ _____
㊱ _____
㊲ _____
㊳ _____
㊴ _____
㊵ _____
㊶ _____
㊷ _____

手势信号

　　狗狗能够根据口令提示或手势信号（动作信号）来做出动作。在需要保持安静的电影拍摄现场，手势信号非常有用，而且通常情况下手势信号给予你更大的选择空间。

我能自己编一些词汇和动作来用于技能训练吗？

　　各种技能的手势信号通常都来自于一开始训练狗狗时引诱方法下使用的动作范式。抬手作为"坐下"的信号，来自于一开始向上引诱狗狗的动作。手向下运动作为"躺下"的信号，也与你一开始引诱狗狗靠近地面的动作类似。"鞠躬"时两只前爪并拢的脚步动作是为了把狗狗的注意力吸引到地面上，引诱它低下头。手腕向右反转的信号也与一开始教授狗狗"转圈"时所做的画大圈的动作类似。

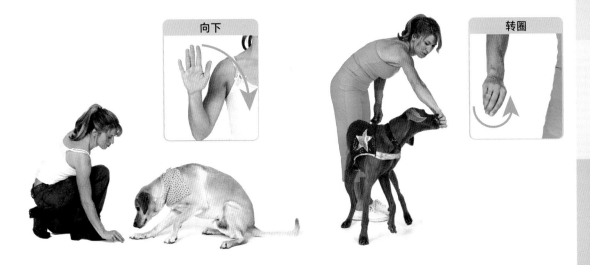

练习：

你的手势信号有多强？

大多数狗狗对手势信号的反应比对口令提示的反应要好。在你的狗狗身上也试一试：用口令提示指令它做一个动作，同时用手势信号指令另一个。大多数情况下，狗狗都会按照手势信号的指示去做！

口令指示狗狗"鞠躬"，同时做出指示它"坐下"的手势信号。

你的狗狗按照哪个指示去做了？_____

用上你的全部方法

你可以使用很多种方法教授狗狗一项技能。

教会狗狗一项技能的方法可以有很多种。教狗狗爬行时，我们可以使用引诱的方法——拉着食物在地上滑行；也可以使用摆造型的方法——把手放到狗狗的肩膀上，不让它站起来；守株待兔也可以——看到狗狗自发做出爬行动作，就奖励它。同样，我们也可以鼓励狗狗模仿我们爬行，或者我们也可以使用塑造的方法，在狗狗趴下来并伸出一只爪子时，给予它奖励。

合并

合并就是将两个已知的行为结合成一个新的行为。

你也可以使用合并的方法来教授狗狗爬行。使用该方法时，你要选两个已知的行为，并给出两个指令，诱导狗狗做出新行为。轮流给出"趴下"和"过来"的指令，来诱导狗狗爬行。等到狗狗掌握了爬行动作后，在两个旧的指令前加上新的指令"爬行"，即"爬行""趴下""过来"。因为狗狗总是想要尽快得到奖励，所以它会开始期待"趴下""过来"放在"爬行"之后，并在接到"爬行"指令后就开始行动。等到这个时候，你就可以去掉后面的两个指令了。

所有方法都是你的工具

本章的内容很多。好好回忆一下那些你已经储存在工具箱中的不同方法。你可以用它们来教会狗狗新的行为。如果一个方法不起作用，就试试另一个，或者试试合并使用多个方法。你会发现，狗狗学会的技能越多，它学习新行为的速度就越快，因为在某种程度上来说，你已经教会了它学习的方法。

技能 15　　爬行

训练内容：

使用多种方法来教会狗狗"爬行"。

我们可以使用5种方法中的任何一种来教授狗狗爬行。不过你可能会发现，引诱的方法用起来最方便高效。

疑难解决

如果你的狗狗总是站起来，你可以用摆造型的方法，用手按住它的肩膀。

"爬行"对狗狗的体力是个挑战，用不了几分钟它就会感到累了。如果你发现它趴在地上不动，或者总是在爬行的过程中站起来，那就说明它累了。这时候，再继续训练只会让狗狗养成坏习惯，所以一定要在狗狗感到累之前结束训练。

练习：

尝试不同的方法。

回顾一下技能1至技能15。在这些技能当中，可能有一些技能因为种种原因而没有取得良好的教学效果。从这些技能中选一个，想一想你还能使用哪种方法来教授这项技能。也许，你可以使用向上引诱的方法来训练狗狗请求，或者用塑造的方法来教会狗狗祈祷，再或者用引诱的方法教会狗狗踢球，在狗狗滚球时，把奖励放在球下面。

我试验的技能：

_____

我使用的方法：

_____

进度日志

☐ 我的狗狗在我的引诱下爬了一步。

☐ 我在狗狗面前拖着食物行走，狗狗跟着向前爬了一小段距离。

☐ 我站在几尺外的地方时，我的狗狗向我爬了过来。

小贴士！

在草地、地毯之类比较舒适的表面上，狗狗更容易做出爬行的动作。

技能点：将多种技术工具相结合

狗狗腹部贴地向前爬行。

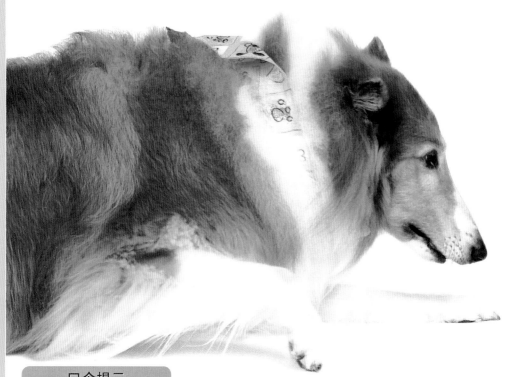

口令提示
爬
动作信号

训练步骤：

① 让狗狗趴下，你蹲在它面前，让它看到你藏在手中的食物。

② 用拖长的声音提示它"爬"，同时将食物慢慢从它面前向远处移动，引诱他。为了努力追上零食，它可能会肘部着地趴着爬行一两步。在它保持趴着的姿势时，将食物奖励给它。

③ 一旦狗狗掌握了上述技能，就抬高门槛，站在它面前稍远的地方，把奖励放在你抬起的一只脚下面。你可以使用组合的方法，在它向你双脚的方向前进的同时交替给出指令"爬""趴下"。以后，你抬起的脚尖就会成为提示它爬行的动作信号。脚部的动作信号可以让狗狗将注意力保持在地面上。

训练日志

训练这项技能 100 次。

每训练 5 次，就在下方表格中做一个标记。

技能掌握

日期：_____ 备注：_____

复习

如果感觉自己在训练中越来越生气、失望、沮丧，你该怎么做？

_____

狗狗大约需要重复多少次才能学会一项新技能？_____

为了学习一种行为，你可以使用 5 种不同的方法。在每项技能旁边写下你训练该技能时使用的方法。同时简要描述一下这种方法的特点。

转圈

方法：_____

描述：_____

_____

端坐 / 请求

方法：_____

描述：_____

_____

唱歌

方法：_____

描述：_____

_____

说话

方法：_____

描述：_____

_____

踢球

方法：_____

描述：_____

_____

（解答见本书第 77 页）

在使用"引诱"的方法时，我们要引导狗狗的_____，而它的_____会跟随。

"摆造型"可以快速、方便地摆出需要狗狗做的动作，但缺点在于不能让狗狗自己做到什么？

_____

什么年龄的狗狗最容易"模仿"？

_____

哪两种行为可以通过"守株待兔"来训练？

_____

如果用其他方法都不能诱发相应的行为，那你可以

_____

一个好的提示词应该具有哪两个特性？

_____
_____

手势信号并不是被无缘无故创造出来的，它们是如何被发明出来的呢？

方法：

对于我和我的狗狗来说，哪 5 种方法效果最好？为什么？

_____
_____
_____

训练计划

我会继续训练本阶段的这些技能：

☐ 转圈
☐ 端坐 / 请求
☐ 蒙眼睛
☐ 唱歌
☐ 说话
☐ 踢球
☐ 爬行

解答

第 44 页：可以使用引诱方法来教学的技能有：坐下、转圈、穿过隧道、站立行走、跳呼啦圈、打滚儿和爬行。

第 52 页：第②和第⑥是摆造型，其他是模塑。

第 76 页：走开。100。引诱，追赶食物。摆造型，动手操纵。模仿，拷贝。守株待兔，等待动作发生。塑造，奖励每一点进步。

第 77 页：头 / 身体。自发地摆出姿势。未长大的小狗。吠叫、鞠躬。使用塑造的方法。好的提示词要前后一致、清晰、独特、易于辨识。手势信号是从原始的引诱动作范式发展来的。

再评估

我学到的

> 当你对狗狗感到愤怒和失望时，并不是因为狗狗不听话、愚笨或者不开窍。愤怒和失望是因为我们不知道该怎么办。

现在你已经学会了成功训练所需的方法，那么你知道该如何更好地开展训练了吗？

_____

训练狗狗技能时，你觉得自己有清晰的策略吗？它有没有让你觉得更有自信？

_____

现在你已经有了应对策略，对自己的训练方法也变得更加自信了，那么当狗狗犯错时——每只狗狗都会犯错，你会不会变得不像以前那么生气了？

_____

教授这项技能时我表现得很棒：

_____

如果我能给这本书中的某个训练方法加个脚注，那么我最想建议其他训练师的是：

_____

_____

我获得过跟训练相关的表扬：

_____

_____

狗狗的进步

> 衡量狗狗的进步，不仅要看它学到了哪些技能，还要看它在注意力和行为规范上有没有什么进步。

你的狗狗能看出来你准备要开始训练课程了吗？它有什么表现？

_____

与以前相比，你的狗狗在学习新技能时有没有变得更容易？如果有的话，你觉得原因是什么？

_____

我的狗狗最喜欢的技能：

_____

最令人印象深刻的技能：

_____

最差的技能：

_____

学得最快的技能：

_____

进步最快的技能：

我们的关系

增进关系是一个相互促进的过程。训练得越多，你们之间的关系就越亲密。而你们的关系越亲密，训练就会变得越容易。

我在训练中遇到了什么问题？是怎么解决的？

_____

_____

通过一起进行的训练课，我和狗狗的关系有没有变得更加亲密？

_____

我对我的狗狗又有了这些新的了解：

_____

在我鼓励它前进时，我的狗狗有没有显得很开心？看到它开心，我有没有感到开心？

_____

谁是世界上最棒的狗狗？我最近对它说过这个吗？

_____

我的承诺：

我承诺，要在这个方面取得更大的成果：

_____

_____

_____

"尽管给每项训练都设定一个目标能够提高训练的动力，但在训练中最棒的还是训练师和狗狗的关系在共同努力中变得更加亲密。"

动 力

从训练中获取最大成效

在第 3 阶段，你会学到如何使用正向强化的方法来以最快的速度获得最大的训练成效。你会学到如何让狗狗不断取得成功，培育你与狗狗之间相互信任的关系。

你将会识别出什么最能激励狗狗，并通过使用各种奖励手段来提升狗狗的动力。

第 3 阶段的技能包括猜猜是哪只手、打赌游戏、关灯、取东西、拉小车、取狗绳、把头藏起来、出门请按铃。

想一想：

我的狗狗最喜欢的东西有：

① _____   ⑥ _____

② _____   ⑦ _____

③ _____   ⑧ _____

④ _____   ⑨ _____

⑤ _____   ⑩ _____

你要让狗狗充满学习的动力，把学习当作一天中最激动人心的时光！你在教授的过程中注入的每一丝热情都能加快狗狗的学习进度。遵守以下规则，能帮助你的狗狗保持高昂的积极性。

快乐的语调

当狗狗做对时，要用高音调的"快乐语调"让它感受到你的赞赏。你的语调应该是上扬的，就像唱歌一样："好孩子！"

在意犹未尽时停止

在大家都感觉很好的时候结束训练，不要等到狗狗觉得无聊疲惫时再结束。在它意犹未尽时结束，它才会更加期待下一次的训练。

结束前要有高潮！

要在不断成功的高潮中结束，即使需要退回到更简单的步骤才能达到，这样狗狗才能一直对训练保持兴奋。让狗狗做一个它已经掌握得很好的技能，并对它的成功大加赞赏，然后结束训练。

先学后玩

一定要让狗狗觉得训练开始前的时光是无聊的，你可以让它待在窝里，或者远离你身边。然后带它出来训练，到时候它一定会很兴奋，并且急不可耐地要开始学习！

模糊学与玩之间的界限

如果你在训练课上没有感觉到乐趣，狗狗很可能也不会感觉到。不要在训练课上情绪不振，不然你的狗狗就会把你和训练同无聊联系到一起。要激励你的狗狗！模糊学与玩之间的界限。每当它取得一项大的成绩时都给它玩具奖励，每学一会儿就玩几分钟。

正向强化

正向强化训练法通过创造一种相互激励、没有压力与恐惧的环境，在你与狗狗合作冲向共同目标的过程中增进、稳固你们的关系。狗狗用积极的态度参与学习，并在与训练师的互动协作中获得乐趣。

通过正向强化来激励狗狗

常言道，让马儿拉车有两种方法：要么在前面挂根胡萝卜引诱，要么在后面用鞭子抽。前一种情境中，激励马儿的是获得奖励的欲望与喜悦；后一种情境中，激励马儿的是避免痛苦的本能。不管在哪种情境下，你都是在强化（或者说让其更容易发生）你所需要的行为。不过对于动物而言，胡萝卜更容易产生有效的激励，诱发欲望。在这里，胡萝卜就是对良好行为的奖励，也就是正向强化措施。

正向强化是教授一项行为最简单也最有效的方法。引导狗狗做出某种行为，给它奖励，让它学会重复这种行为。奖励可以有不同的形式：食物、最喜欢的玩具、一起玩，或者赞美与爱等。教授新行为时，食物通常是最有用的奖励，因为它作为奖励的价值很高，易于施用，而且发出的信号也足够清晰。

想一想：

小心你的奖励。

了解了正向强化的概念后，你可能会发现，这正是你的狗狗某些行为问题的根源。如果狗狗在餐桌边乞求时你给了它一口吃的，那你就是用正向强化的方式鼓励它继续这种不值得奖赏的行为。如果你在狗狗纠缠不休时扔球给它，那你就是鼓励了它的这种强求行为。那么，你的狗狗有哪些不值得鼓励但受到了你不经意奖励的行为呢？

技能 16　　猜猜是哪只手

训练内容：
使用正向强化的方法教会狗狗"猜猜是哪只手"的游戏。

教授这项技能时，我们要依靠纯粹的正向强化。如果狗狗选中了正确的那只手，那就给它奖励。选错了也不要惩罚。

疑难解决
有些过于兴奋的狗狗可能急于找到食物，所以看到一只手就伸爪子去够。你可以把两只拳头都放到高过它头顶的地方，这样它就只能用鼻子去嗅但用爪子够不到。等它两只手都嗅过后，再放低双拳，并问它："哪只手？"

练习：
找到隐藏的小菜！
把你的狗狗带到另一个房间，在里面藏好8种它最喜欢的食物。蔬菜作为隐藏食物就很好，低热量并且充满趣味。你可以先把蔬菜放在很显眼的地方，然后把狗狗带进房间，说："去找！"如果它的表现很迷惑，你可以通过积极鼓励它并指给它其中一种食物等方法来激励它。

你的狗狗喜欢这个游戏吗？

_____

_____

"通过正向强化训练获得的信任与合作精神会伴随你与狗狗的一生。"

小贴士！
为了防止狗狗抓伤你的手，你可以在训练过程中戴上手套。

技能点：正向强化

当你伸出两只握紧的拳头时，狗狗会嗅一嗅每只手，并指出哪只手里有奖励。

口令提示

哪只手？

动作信号

训练步骤：

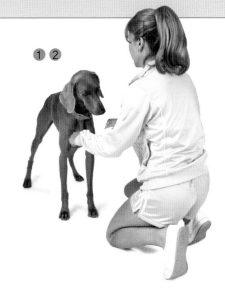

1 将一块味道浓烈的食物放在一只手中，轻轻握住，并且让你的狗狗看到。面向狗狗，并且将两只拳头都放在狗狗胸部的高度，问它："哪只手？"

2 如果狗狗对正确的那只手表现出了兴趣，不管是用鼻子嗅一下还是用爪子摸，都要说："好！"并打开手掌，让它吃掉奖励。如果狗狗对错误的那只手表现出了兴趣，那就鼓励它继续尝试。

3 如果狗狗每次都能选对，那就提高门槛，让它用爪子去指正确的手，而不用鼻子嗅。拳头要放低，以便它很容易就能够到。如果狗狗只用嗅的动作对正确的手表示出兴趣，那就把另一只手放到身后，对它说："来拿！"鼓励它用爪子去碰正确的手。你也可以提示它"握手"（技能5），来让它知道该做出怎样的动作。

训练日志

训练这项技能100次。
每训练5次，就在下方表格中做一个标记。

技能掌握

日期：_____   备注：_____

奖励成功，忽略其他

狗狗在做错时什么都学不到。只有在做对并获得奖励时才能学到东西。

所以我们才会用正向强化的方法来训练。我们奖励狗狗做对的地方，忽略那些不成功的尝试，而不是惩罚。

狗狗在技能训练中学习到的一项最关键的技能就是通过不断地尝试来解决问题的能力。我们鼓励狗狗做出各种行为，并（通过奖励标记或食物）让它知道哪种行为才是正确的。

如果每次狗狗做出错误的行为时，我们都说"不对"，狗狗就会变得不那么乐于尝试了。它宁愿什么都不做，也不愿做错。

让过于兴奋的狗狗冷静下来

有时候，狗狗会过于兴奋，不断向训练师做出各种行为，这时候就需要训练师帮助狗狗冷静下来，重新集中注意力。如果遇到这种情况，你什么都不要说，只需垂下双臂，看着其他地方几秒钟。这样就能告诉你的狗狗（在不打击到或挫伤它的积极性的前提下）它的行为不会带来奖励，它需要冷静下来集中注意力才行。

技能 17   打赌游戏

训练内容：

通过奖励成功的行为、忽略其他行为来教会狗狗
"打赌游戏"。

狗狗对于犯错是很敏感的，尤其是面对嗅觉技能的时候。所以如果你的狗狗指出的盖子不对，不要告诉它"错了"，而是应当鼓励它继续找。

疑难解决

陶制的小罐子最适合用来教授这项技能，因为它们不容易翻倒，而且顶部自带散发气味的"透气孔"。

进度日志

- [ ] 我的狗狗嗅了其中一个反扣着的小陶土花盆。

- [ ] 我的狗狗用爪子指了其中一个花盆。

- [ ] 面对三个花盆，我的狗狗在嗅过每个花盆后，用爪子指出了正确的那个。

"我们通过培养狗狗的自尊心和积极性来提高狗狗的训练热情，应该将注意力集中到积极的方面，帮助狗狗不断获得成功。"

练习：

用欢快的语调激励狗狗！

使用欢快的语调来让你的狗狗兴奋起来，激励它参与到训练中。看看你能否不用狗狗听得懂的词汇，单靠语调的变化就让狗狗摇晃尾巴。例如，直接用蔬菜的名称："西蓝花！对啦，你找到啦！花菜宝贝！"

即使只用蔬菜的名称，你也能让狗狗摇起尾巴来吗？

_____

小贴士！

如果狗狗指的不对，不要把花盆翻开，也不要告诉它错了，因为那样会打击到它的积极性。只要鼓励它继续找即可。要奖励猜对的行为，忽略其他。

技能点：奖励成功，忽略其他

在这个经典的打赌游戏中，一个物品被放在三个反扣着的小陶土花盆的其中一个下面。在不断变换三个花盆的位置之后，观众需要去猜物品到底藏在哪一个花盆下面。不管你的动作多么敏捷，都无法骗过狗狗，它可以用鼻子嗅出物品的正确位置！

口令提示

找出来！

训练步骤：

1. 使用食物擦拭陶土花盆内侧，让花盆带上食物的香味。让狗狗看着你把奖励放到地上，并用花盆盖住。然后鼓励它"找出来！"如果它用爪子指或者用鼻子碰花盆，就说"好！"并翻开花盆让它得到食物。如果狗狗失去了兴趣，那就迅速翻起花盆，让它看到食物后再放下。

2. 重复上面的练习，不过这次要把花盆盖好，并鼓励它用爪子去碰。你可以轻碰它的手腕或者提示它"握手"（技能 5）来让它明白该做什么。只要它用爪子碰了花盆，那就翻开花盆给它奖励。

3. 再增加两个花盆。如果狗狗对正确的花盆表示出兴趣，就使用高亢的语调来让狗狗兴奋起来。如果狗狗碰了错误的花盆，不要翻开花盆，而是继续鼓励它寻找。奖励正确的选择，忽略错误的选择。

训练日志

训练这项技能 100 次。

每训练 5 次，就在下方表格中做一个标记。

技能掌握

日期：_____　　备注：_____

大奖

当狗狗表现得格外出色时，就给它一个大奖——整整一大把食物！

我们都知道中大奖的诱惑力——只要能中一次，我们就会期盼那难以估量的大奖能够再次降临。我们也可以把这个概念用在狗狗的训练中，来提高狗狗的积极性。

你可以这样做：让你的狗狗表演它正在学习的某项技能。如果它表现得还好，就给它一个差不多的小奖。如果它表现得非常好，或者比以前任何时候都好，那就给它一个大奖，奖励它整整一大把食物！哇哦，这一定会让它印象深刻！它一定会加倍努力，期盼再次赢得大奖。

在一次训练课中轮换使用不同的奖励也能提高狗狗的积极性，即针对普通的成就奖励一块金鱼饼干，不错的成就奖一片热狗。这需要你把握好二者间的协调，你可以一只手拿几样价值较低的奖励，另一只手拿几样高价值的奖励，这样就能在合适的情况中即刻给出奖励了。

如果你的狗狗喜欢拖拽，那么玩一会儿拖拽玩具（绳类玩具）也是个不错的大奖。你可以把玩具装在后兜里，如果狗狗表现真的很不错，就拿出来跟它玩一会儿！

想一想：

什么样的大奖适合你的狗狗？

_____

技能 18　　关灯

训练内容：

使用大奖来教会狗狗"关灯"。

按动开关是一项非常精细的操作，很难通过沟通交流来向狗狗传达。因此，你要做的是等狗狗按到正确的地方，然后给它一个大奖。

疑难解决

扁平的、翘板式开关最适合狗狗操作。对于体型较小的狗狗，你可能还得在开关下面放一个小凳子，以方便它够到。

"它是你的狗狗，它的成功只需要你的认可。"

练习：

使用你的大奖。

在你的食物袋里，除了小巧好嚼的食物外，再准备两个大奖，例如非常大个儿的狗狗饼干之类的。找到下面列出的技能，每项技能练习一到两分钟。如果狗狗做得非常棒，就给它一个大奖！尽量在这个练习中将两个大奖都给出去。

你的狗狗在哪项技能中获得了大奖？

☐ 5：握手　　　　☐ 14：踢球

☐ 9：转圈　　　　☐ 15：爬行

☐ 10：端坐 / 请求　☐ 17：打赌游戏

☐ 11：蒙眼睛

小贴士！

又大又硬的狗狗饼干非常适合拿来当大奖！因为硬，狗狗得花段时间才能啃完，这会进一步增加它的愉悦感。

技能点：大奖

狗狗将学会通过用爪子按动墙上的开关来关灯。

口令提示

关灯

训练步骤：

① 手拿一块食物，靠在墙上，放在比开关稍微高一点的地方，鼓励狗狗"关灯！"如果它沿着墙站立起来，那就给它一个奖励。

② 用手拿着奖励，离墙稍微远一点，放在稍高于开关的位置。用另一只手拍开关，鼓励狗狗站起来。等到狗狗在墙上拍一两下后再松开手让它拿到奖励。如果正好它拍到了开关，立刻用"好！"来标记这个时刻，并给它一个大奖！

③ 给狗狗发出指令的同时轻拍开关，然后手放下。在它拍到开关时给它奖励。如果它正好拍动了开关，就给它一个大奖！

训练日志

训练这项技能 100 次。

每训练 5 次，就在下方表格中做一个标记。

技能掌握

日期：＿＿＿＿＿＿＿＿　　备注：＿＿＿＿＿＿＿＿＿＿＿＿＿＿＿＿

培养本能

喜欢捕猎的狗狗为了玩具奖赏能够表现出最大限度的表演积极性。通过本能练习，任何狗狗都能培养出捕猎的本能。

本能是促使狗狗做出行为的内在动力。狗狗的几种本能在物种进化中帮助它们生存了下来，例如追逐的本能、捕猎的本能、杀死猎物的本能等。

作为训练师，我们会用游戏的形式来利用狗狗猎物驱动的狩猎本能（猎性），因为对狗狗来说，这是一件非常有趣的事。狩猎物能驱动的行为可以成为激发狗狗最佳表现的超强激励器。训练具有良好狩猎本能的狗狗，这本身也是一件愉快的事，因为它们具有出众的耐力、热情和展现行为的积极性。

如何使用狩猎本能来激励狗狗

利用狩猎本能来作为奖励能够增进你与狗狗的关系，因为没有你的参与，狗狗是没办法独自玩耍的。一次游戏奖励通常应当持续十几秒到几分钟，并被视为大奖。

玩具可以提升狗狗的本能。它能让狗狗迅速兴奋起来，准备好投入到活动中。不过，玩具也会让狗狗兴奋到难以平静，这样教授坐下之类的技能就难了。训练时，你可以将玩具藏在衣服里，等到需要奖励狗狗的时候再拿出来。

激发狩猎本能

狩猎本能在所有狗狗身上都不同程度地存在着，你和狗狗玩狩猎游戏的次数越多，就越容易激发起它的狩猎本能。训练师通常会有一个被当作训练奖励的专用玩具。你作为训练师的权力就来自对玩具使用权的控制。不要把玩具放在狗狗平时就能够到的地方。这个玩具只能它与你一起，并按照你的条件玩。当你决定结束游戏时，对它说"我的"，然后把玩具收起来。

选择正确的玩具

很多训练师都觉得他们的狗狗缺乏狩猎本能，其实真正的问题在于训练师需要换一个玩具或者换个不同的激励方式。尝试用不同的玩具来激励你的狗狗。最常用的激励玩具包括拖拽玩具（技能 20），取物游戏用的球（技能 19），以及飞盘等。研究一下你家狗狗的品种，考虑它的本能在什么地方可以体现。梗犬生性喜欢咬住猎物甩动，因而拖拽玩具就很适合；寻回犬喜欢去追球；运动犬和狩猎犬喜欢追逐与鸟儿或者猎物相似的飞盘。

飞盘

飞盘对于狗狗而言具有无可比拟的吸引力，它像鸟儿一样飞得越来越远，飞到狗狗够不到的位置。你可以从柔软的帆布盘之类的东西开始，这种圆盘很方便狗狗用嘴叼。将飞盘上下颠倒旋转起来，吸引狗狗的注意力，然后扔出去像轮子一样滚起来。狗狗便可以在圆盘滚动时将其抓住，并且不用面临在空中抓飞盘的困难。

练习：

选择狩猎本能玩具。

运动型的狗狗通常都很喜欢橡胶狩猎棒，拉布拉多喜欢球，斗牛犬系喜欢拖拽玩具，牧羊犬对飞盘异常痴迷。换几种玩具试一试，看看哪种最能激发你家狗狗的本能。每种玩具使用一周，最后确定你的狗狗最喜欢的玩具。

☐ 拖拽玩具   ☐ 吱吱响的玩具

☐ 飞盘   ☐ 橡胶棒

☐ 球   ☐ _____

了解你家狗狗的品种

　　不同品种的狗狗具有不同的心理和生理特征，因为它们都是按照不同的需求培育的。品种特性会影响你家狗狗对训练的反应以及它完成要求的能力。了解你养的狗狗是什么品种能够帮助你为狗狗量身定做训练计划，让它的技能和积极性训练事半功倍。

　　牧羊犬（边境牧羊犬、澳大利亚牧羊犬、柯基犬、喜乐蒂牧羊犬和德国牧羊犬等）天生以人为中心，随时准备听从命令。它们学得快，脑子聪明，在犬类运动和技能训练中总是能拔得头筹。它们具有强烈的狩猎本能，经常将飞盘视为比食物更好的奖励。

　　工作犬（罗威纳犬、杜宾犬、大白熊犬、阿拉斯加雪橇犬、大丹犬、纽芬兰犬和拳师犬等）是为了完成特定工作而生的：守护财产、拉雪橇，以及进行营救。它们身体强壮，自信、固执又独立。

　　运动犬（波音达猎犬、寻回犬、蹲伏猎犬，西班牙猎犬和威玛猎犬等）是为了用嗅觉找到猎物并将猎物带回主人身边而生的（注意它们的长鼻子）。运动犬喜欢使用鼻子的游戏，例如找出藏在房子里的食物。寻找食物和追逐移动的物体是它们运动的动力。

　　猎犬是天生的猎手。寻味猎犬（如比格犬、矮腿猎犬、寻血猎犬）用鼻子追踪，而视觉系猎犬（格雷伊猎犬和萨路基猎犬）喜欢追逐移动的物体。猎犬经常会一根筋，除了寻找猎物外，什么对它们来说都不重要。外国人说被"鬼盯上了"时用的"hounding"一词就来自于它们。因为猎犬很容易被其他东西吸引注意力，所以要在空旷的环境中训练。

　　梗犬（猎狐梗、万能梗、牧师罗素梗和斯塔福郡牛头梗等）的英文名来自拉丁文"Terra"（大地的意思），因为它们大多数是被培育出来寻找穴居地下的有害动物的。梗犬喜欢拖拽玩具游戏，因为玩具很像地上一扭一扭的有害动物。梗犬精力充沛争强好胜，喜欢有趣但不过分严苛的训练。

　　玩具犬（吉娃娃和约克夏犬等）是作为伴侣动物而生的。例如贵宾犬最早就是马戏团用犬。大多数玩具犬都能又快又好地完成技能训练。

技能 19　　取东西

训练内容：
使用狗狗的寻回本能教它"取东西"。

有些狗狗天生就很会取东西，即使还是在小时候，它们就能把球、棍子之类的东西取回到主人身边。这项技能通常都是由狗狗的品种决定的。名字中带有寻回犬字样的品系通常都有很强的寻回本能，例如拉布拉多寻回犬、金毛寻回犬等，不过请放心，任何狗狗都能学会这项技能。

疑难解决

如果狗狗追着球跑远了或者一直都在玩球，不要追它。用食物把它引回来，或者从它身旁跑开，引它来追你。手里可以再准备一个球来吸引它的注意力。

有些品系的狗狗寻回本能比较弱，你需要通过表现得很兴奋或者自己去追球等手段来提高狗狗的积极性。在地上拍球或者在墙上弹球，与狗狗来一场比赛，看谁能抢到球。

练习：

放纵狗狗的本能。

基于你家狗狗的品系，寻找一项在心理上有利于它的游戏或活动（例如和嗅觉猎犬玩"找玩具"的游戏，或者和拉布拉多寻回犬玩"取东西"的游戏）。

_____

_____

进度日志

☐ 我的狗狗会追着球跑。

☐ 我的狗狗经过我鼓励后会把球取回来。

☐ 我的狗狗只需要一点鼓励就能把球取回来。

☐ 我的狗狗能把其他东西也取回来。

小贴士！

过度使用网球会磨损狗狗的牙齿。如果你的狗狗很喜欢啃东西，就给它硬质的橡胶球，或者其他专供狗狗啃咬的 Kong 坑具米代替网球。

技能点：强化品系能力

在这项技能里，你的狗狗会把特定的物品取回来。

口令提示

取回来

训练步骤：

① 狗狗都喜欢网球，而我们要让这个网球对它更具有吸引力！使用美工刀在网球上开一道 2.5 厘米长的口子，然后让狗狗看着你把一块食物塞进球里。

② 故意把球扔出去，然后鼓励它取回来。拍拍你的腿，表现出很兴奋的样子，或者从它身边跑开，这样都能刺激它的寻回本能。

③ 从狗狗那里拿回球，并且将食物挤出来，奖励给它。因为它自己无法把食物弄出来，这样它就会知道只有把球拿给你才能得到奖励。再次把球扔出去作为额外的奖励。

④ 现在训练你的狗狗去取其他东西。在它带着东西回来后，就给它奖励。

训练日志

训练这项技能 100 次。

每训练 5 次，就在下方表格中做一个标记。

技能掌握

日期：_____　　备注：_____

寓教于乐

不要把训练课弄得像课堂一样严肃，有时候，我们也可以把训练课伪装一下，让狗狗以为自己是在玩游戏……其实它是在学习新的行为！

很多狗狗都喜欢跟主人一起玩拖拽玩具。在和狗狗一起玩拖拽游戏的时候，我们可以将这种行为模式转移到教它拉绳子上。当狗狗学会拉绳子后，它就能表演很多不同的技能，例如拉开房门、冰箱门、邮箱以及玩具箱等等。它还可以学会拉铃或者升旗。

用寓教于乐的方式教会狗狗拖拽

先准备一个细长而富有弹性的拖拽玩具，上面最好饰有皮毛或皮革挂件。橡胶咕咕鸡之类的撕咬玩具或者装满食物的食品袋对于一些狗狗就很有吸引力。

开玩笑似地把玩具扔到空中，或者几个人扔来扔去。如果你对玩具表现得很感兴趣，那么它很有可能会引起狗狗的兴趣。毫无规律地在地上拖拽玩具，并让玩具远离你的狗狗。如果狗狗犹豫了，就将玩具先停住；如果狗狗靠近了，就不时地让玩具像受了惊吓似地抖动着"跑开"。你的玩具应该表现得像一个怕被抓住的小猎物一样。

一旦狗狗抓住玩具，就同它玩一会儿拖拽游戏。让狗狗慢慢习惯这个游戏，从而让它明白，这个玩具是可以咬的，尽管这可能有点吓人，但轻微用力拖拽，最终会让它赢得这个玩具。用相对轻柔的动作左右移动玩具（不要前后移动），偶尔小心地"猛拉"一下。要是玩具从狗狗嘴里掉了出来，那就再将玩具伪装成想要逃跑的猎物。

技能 20　　　拉小车

训练内容：

使用寓教于乐的方式将狗狗对拖拽游戏的热情培养成"拉小车"的热情。

训练越像做游戏，狗狗学得越快。

疑难解决

有些狗狗不太愿意去玩拖拽游戏。挑选狗狗兴奋的时候，在户外进行的话可能会更容易一些。你可以坐下来，侧身面向狗狗，这样狗狗就不会觉得你具有威胁性。一开始，狗狗一咬住玩具你就松手，并给予它很多夸奖。

进度日志

☐ 我的狗狗偶尔会抓住拖拽玩具。

☐ 我的狗狗会和我一起玩拖拽游戏。

☐ 我的狗狗会用打结的绳子玩拖拽游戏。

☐ 我的狗狗会拉动一根拴在小车上的绳子。

练习：

把拖拽游戏作为大奖。

拖拽游戏是具有高度吸引力的训练回报，所以训练狗狗的拖拽本能十分值得。如果狗狗对于跟你玩拖拽游戏没有兴趣，你可以使用以下所列清单来确定导致狗狗犹豫不前的因素是什么。最终，清单中所有的选项都应该选"是"。

是　否

☐　☐　我的拖拽玩具非常棒。

☐　☐　我把食物藏在玩具内的一个袋子里。

☐　☐　我总是让我的狗狗赢。

☐　☐　我没有表现得很有威胁性。

☐　☐　我们在户外玩儿。

☐　☐　我对玩具表现出很大的兴趣。

☐　☐　我用玩具引诱了狗狗至少 3 分钟。

☐　☐　当狗狗轻轻地拽了一下玩具时，我夸奖了它，并将玩具奖励给它。

技能点：寓教于乐

狗狗会拉动连接在绳子另一头的小车或其他物品。

口令提示

拽

训练步骤：

1 使用拖拽玩具和狗狗玩游戏。告诉你的狗狗"拽"，然后来回摆动玩具，或偶尔拉拽一下。让它有玩游戏的感觉。

2 换成一条打了结的绳子。偶尔让狗狗从你手里拉走绳子，保持它对游戏的兴奋度。

3 将绳子的另一端绑在一个货箱上，让它拉着走。这项活动不像玩拖拽游戏那样能让它感到快乐，所以你得给它食物奖励。

4 使用这项新学习的技能，让你的狗狗拉装了货物的小车、拉开门，或者拉门铃绳。

训练日志

训练这项技能100次。
每训练5次，就在下方表格中做一个标记。

技能掌握

日期：_____ 备注：_____

非食物奖励

奖励可以是食物，可以是玩具，也可以是你的注意力、表扬，或者与它一起玩乐的时间，以及进入特殊地域的许可。

食物奖励作为初级增强剂非常有效，不过我们还可以给狗狗很多其他不同的奖励。通过在训练中引入非食物的奖励，我们可以在训练中获得更大的自由度，在奖励狗狗时获得更大的选择空间。

具有强烈捕猎本能的狗狗很喜欢飞盘、球或者拖拽游戏奖励。激发狗狗对游戏的渴望，可以让你的奖励变得对你的狗狗极具吸引力。大多数顶尖的表演项目训练师都会用捕猎本能玩具来作为奖励。在以耐力、体力和动力为基本要素的敏捷性运动和飞球运动中，这些玩具非常普遍。玩具奖励可以和食物奖励结合起来使用。你可以用诱饵袋里的食物作为常规奖励，并在它做得非常棒的时候把玩具作为大奖。或者你可以把扔飞盘游戏作为奖励，等狗狗把飞盘叼回来，再用飞盘代替食物奖给它，这样飞盘对它就更有吸引力了！

进入特殊区域的许可也可以是奖励。你可以先让狗狗表演一项技能，然后再奖励它户外活动的权利。

想一想：

我的狗狗喜欢哪种非食物奖励？

列出三种你的狗狗喜欢的非食物奖励。

① _____

② _____

③ _____

技能 21　　取狗绳

训练内容：

教会狗狗"取狗绳"，并奖励带它出去一起散步。

带狗狗出去散步是一项奖励。让你的狗狗养成先把狗绳取过来，再获得奖励的习惯。

疑难解决

首先要确保将狗绳上的金属扣固定在绳子上，这样狗狗咬着狗绳兴奋跑动时才不会被打到头。把金属扣扣在把手上，将狗绳绕成一个圈也不是好方法，因为这样的话狗狗跑的时候可能会被绊倒。

进度日志

☐ 我的狗狗取来了某样东西。

☐ 我的狗狗取来了放在地上的狗绳。

☐ 我的狗狗取来了放在存放点的狗绳。

☐ 我的狗狗明白，在它被奖励跟我出去散步前，它需要取来狗绳。

小贴士！

带狗狗去户外是一种奖励。让你的狗狗坐在门口，然后打开门奖励它的礼貌行为。

练习：

使用 3——2——1——帮狗狗做好准备！

当狗狗进入玩耍的情绪状态时，抓住它的项圈控制住它，并蹲下来。拖长语气说："3——2——1——"然后松开项圈，大声喊出"出发！"指令，同时大步冲刺出去。

这个游戏会让狗狗兴奋异常，所以要注意周围的环境。玩的时候不需要准备食物奖励，因为这个游戏本身就是奖励。

你的狗狗喜欢这个游戏吗？_____

技能点：非食物奖励

狗狗会按照你的指令或者在它想要出去散步的时候从存放点把狗绳取出来。

口令提示

取狗绳

训练步骤：

① 每次给狗狗拴狗绳时都说出"狗绳"这个词，让它理解这个词指的是什么。开玩笑般地把狗绳扔出去，并提示它"把狗绳取回来"（技能 19）。

② 把狗绳放在常用的存放地点，例如挂在门后。注意将狗绳挂在直钩上比挂在弯钩上更容易滑落，方便狗狗取用。指向狗绳，并鼓励狗狗"去取狗绳！"然后立刻给狗狗戴上狗绳，并奖励它与你一起外出散步。这项技能中的奖励是出去散步，而不是食物，所以请在开始练习前先了解相关概念。

③ 下次再准备出去遛狗时，先让狗狗因为要出去而兴奋起来，然后让它在出发前自己去把狗绳取过来。

训练日志

训练这项技能 100 次。
每训练 5 次，就在下方表格中做一个标记。

技能掌握

日期：_____ 备注：_____

每天 20 分钟

精神激励对于狗狗养成良好的行为习惯来说至关重要，而你与狗狗之间的互动能够增强你们之间的关系，并为你们建立一种更愉悦、更具合作精神的关系。每天专注地陪伴你的狗狗至少 20 分钟，全身心地投入，最大限度地发挥这些课程的作用。不要打电话，不要听广播，也不要边训练边和你的配偶聊天。

尽管看起来时间很短，但一节 20 分钟的训练课对于大多数狗狗来说是合适的。技能训练对于狗狗来说很耗脑力，容易让它们在心理上感到劳累。你是在要求你的狗狗解决问题，做出尝试，并养成新的行为习惯。训练课程要短，要专注，这样才能在你的狗狗身上发挥最大的效用。不要毫无章法地进行调整，磨磨蹭蹭，浪费时间。那对狗狗的训练是有害的，会让狗狗认为它可以一会儿集中注意力一会儿又去干别的。与其他人一起训练通常也是有害的，因为这会促使训练师之间相互交流，而忽略了与狗狗的互动。

每天专注地陪伴你的狗狗 20 分钟。

理想状态下，小狗每天可以进行多次 3~5 分钟的训练课。每项技能多重复几次，并保持其中的乐趣。最重要的是维护你们之间的关系，培养对训练的热爱。

想一想：

规划你的训练课程，突出重点。

将已经学过的 21 项技能按照你想要安排训练的顺序进行排列。记得哪项运动是室内的，哪项是室外的，哪项需要事前准备工具，从而将训练中的停歇时间减到最小。那么就请列出你的顺序。

① _____
② _____
③ _____
④ _____
⑤ _____
⑥ _____
⑦ _____

⑧ _____
⑨ _____
⑩ _____
⑪ _____
⑫ _____
⑬ _____
⑭ _____

⑮ _____
⑯ _____
⑰ _____
⑱ _____
⑲ _____
⑳ _____
㉑ _____

三项补充活动

你的狗狗需要与你互动。它渴望得到关注，渴望充实的心灵。如果你不努力占据狗狗的心灵，它就会变得独立于你，并找到其他不那么具有建设性的方式来让自己感到愉悦。

狗狗喜欢接触新鲜事物，接受新的挑战。你不仅要给予它爱的关注，而且要给予它丰富的可能性。每天和你的狗狗进行三项补充活动，可以是一起散步，可以是取物游戏，可以是一起训练，也可以是一起去逛商场，一起玩"寻找被藏起来的蔬菜"，一起乘车，一起打闹，以及一起做家务，例如早上一起去取报纸。

理想状态下，其中一项活动应该是需要共同完成的团建活动，例如一起散步，或者短途旅行。第二项应当是能够增进你们之间交流的活动，活动中你需要和狗狗相互对视交流，例如在技能教学时。第三项应当是尽情玩乐的活动——追逐游戏、拖拽游戏、"3——2——1——"，或捉迷藏等。

每天和你的狗狗完成三项补充活动：一次团队建设的活动，一次深入交流的活动，一次尽情玩乐的活动。

想一想：

记录你每天的三项补充活动。

使用白板记录下你和狗狗每天进行的三项补充活动。今天你为它准备了哪三项补充活动？

团队建设：＿＿＿＿＿＿＿＿＿＿＿＿＿＿＿＿＿＿＿＿＿＿＿＿＿＿＿＿＿＿＿＿＿＿＿

深入交流：＿＿＿＿＿＿＿＿＿＿＿＿＿＿＿＿＿＿＿＿＿＿＿＿＿＿＿＿＿＿＿＿＿＿＿

尽情玩乐：＿＿＿＿＿＿＿＿＿＿＿＿＿＿＿＿＿＿＿＿＿＿＿＿＿＿＿＿＿＿＿＿＿＿＿

（继续追踪记录你们的行为，见本书第166页）

训练课程的目标

在训练中集中注意力

如果你希望狗狗能充满热情地关注你，那么你首先需要热情地关注它。狗狗在训练课程中徘徊时不要与朋友聊天。如果狗狗不能获得你的直接鼓励，它的注意力和热情就会被消磨，这会让它养成注意力不集中以及到处乱嗅的坏毛病，而这种毛病很难改。

训练中，你和你的狗狗需要时刻关注对方。制订好计划，将各项技能分好组，并不断按照计划进行。如果你的狗狗（或者你本人）需要中断休息，那就让狗狗处于安静的状态，不要让它漫无目的地乱跑，这样它才会渴望尽快回到学习的状态中。

让你的狗狗成功

没人喜欢去从事超出其能力范围的工作，因为那将注定失败。你要让你的狗狗获得成功，而不是失败。要帮助它达成目标，而不是让它因为没有达到目标而失望，这将帮助你们建立更为亲密的关系，并让它在以后更有效率地达成目标。给狗狗设定它大多数时候都能达到的目标，让它在成功而不是在失败中练习。让它变得自信，自信的狗狗才更有动力让你开心。

在开始训练前，先设定一个可以达到的目标，例如"我的狗狗能够爬行大约 2 米远"。这样，你（和你的狗狗）才能在目标达成时获得成功的感觉。

想一想：

设定目标，你才能在达成目标时感觉到成功。

在开始训练前设定好目标。这样，你和你的狗狗才能在达成目标时感觉到成功，而不是在连续的成功结束时感觉到失望。如果你发现你的目标总是很难达到，那你就会知道你把训练的目标设得太高了。第一次教授狗狗把头藏起来时，你设定的可达到的目标是什么？

_____

_____

_____

技能 22　　把头藏起来

训练内容：

为每一次训练课设定可达成的目标，教会狗狗"把头藏起来"。

　　每只狗狗都能学会这项技能，并且要循序渐进地学习每一步。记得为你的狗狗设定它可以达到的一个个小目标。

疑难解决

　　如果你的狗狗总是把垫子拉到一边而不是钻到垫子下面，你就换一块更大的垫子，或者用椅子压住底边。

进度日志

☐ 我的狗狗吃掉了放在椅子前的食物。

☐ 我的狗狗把头伸到垫子下面去够食物。

☐ 我的狗狗把头伸到垫子下面，即使下面没有食物。

练习：

设定训练目标。

回顾已经学过的 22 项技能，写下你为每项技能的一次训练课所设定的目标。开始训练，只要狗狗达成目标，就奖励它，并进入下一项训练。

① _____　　⑩ _____

② _____　　⑪ _____

③ _____　　⑫ _____

④ _____　　⑬ _____

⑤ _____　　⑭ _____

⑥ _____　　⑮ _____　　⑲ _____

⑦ _____　　⑯ _____　　⑳ _____

⑧ _____　　⑰ _____　　㉑ _____

⑨ _____　　⑱ _____　　㉒ _____

小贴士！

每次训练课的目标都是比上次课进步一点点。

"不要因为太过于关注训练目标而丧失了过程中的乐趣。"

技能点：设定训练课目标

狗狗把头藏到毯子或垫子下。

口令提示
没羞

动作信号

① 拿一个上面固定了坐垫的椅子。让狗狗看到你把一块食物藏在垫子下面的前端。鼓励它"真棒，拿回来！"

② 把奖励藏在垫子下面靠里的位置，让狗狗在够食物的时候把整个头都埋到垫子下面。

③ 继续同样的训练，用同样的方法向狗狗发出指示，不过不要在垫子下面放食物。趁狗狗在垫子下面嗅的时候，把食物从垫子另一头的下方递给它。在狗狗保持正确姿态时奖励它很重要，也就是要在它把头埋在垫子下面的时候奖励它。

④ 让狗狗把头埋在垫子下几秒钟，然后再给它奖励。

训练日志

训练这项技能 100 次。

每训练 5 次，就在下方表格中做一个标记。

技能掌握

日期：_____   备注：_____

使用你所掌握的全部方法

第 3 阶段关注的是狗狗训练的一个关键点——动力。我们来快速回顾一下我们学到的东西，并将这些方法运用到下一项技能——"出门请按铃"的教学中。看一下技能 23，在开始训练这项技能前，先看看下面列出的 10 项提升狗狗积极性的工具，并计划一下你将如何在下一项技能的教学中使用这些工具。

提升积极性的 10 大窍门：

1. 使用 _____ 的语调来庆祝成功。

2. 在狗狗想要 _____ 时结束。

3. 用 _____ 的语调来结束。

4. 培养狗狗的 _____ 本能。

5. 模糊玩和 _____ 的界限。

6. 通过 _____ 强化来增强积极性。

7. 让狗狗获得 _____ ；给它设立可以达到的目标。

8. 为出色的表现准备 _____ 。

9. 奖励成功，忽略 _____ 。

10. 在训练中引入非食物 _____ 的使用。

（解答见本书第 119 页）

技能 23　　出门请按铃

训练内容：

使用你所掌握的各种提高狗狗动力的方法来教会狗狗"出门请按铃"。

如果你苦于狗狗总是在想要出去时蹲在门口呜咽，或者抓门，那就教它礼貌地去按铃吧！

疑难解决

为了鼓励这个行为，你需要对每次铃响都做出响应，尤其是一开始的时候——一听到铃声，你就跑过去开门。尽可能地在它有礼貌地按铃后，奖励它出去散步。

进度日志

☐ 我的狗狗会碰触地上的铃铛。

☐ 当我把食物放到悬挂在门上的铃铛的后面时，我的狗狗会按铃。

☐ 当我用手指向铃铛并鼓励它时，我的狗狗会按铃。

☐ 我的狗狗在它想要出去时会自己按铃。

练习：

测试一下你已经取得的成就。

浏览回顾一下已经学过的 23 项技能。从每个阶段中选出狗狗表现最好的两个技能，共选出 6 项。为朋友演示这 6 项技能，并让他 / 她来评价你的狗狗掌握得到底怎样。

技能名称	好	一般	不好
第 1 阶段：	☐	☐	☐
第 1 阶段：	☐	☐	☐
第 2 阶段：	☐	☐	☐
第 2 阶段：	☐	☐	☐
第 3 阶段：	☐	☐	☐
第 3 阶段：	☐	☐	☐

小贴士！

要教会你的狗狗与你交流，除了细心观察狗狗本能的交流手段外，你还可以教会它一些方法来告诉你它想要什么，并以此来增进你们之间的交流。例如，教会狗狗想要出去的时候就按铃。

技能点：使用你所掌握的激励技能

狗狗会在想要出门时用鼻子或爪子按门铃。

口令提示

按铃

训练步骤：

1 在地上摆弄铃铛，鼓励狗狗"拿回来！"只要它一用鼻子或者爪子碰到铃铛，就立刻说："好！"然后给它奖励。

2 把铃铛挂在门把手上，高度低一点，鼓励狗狗去"按铃！"你可能需要在铃铛后面放一块食物，用来引诱它。只要铃铛一响，就说："好！"并奖励它。

3 给狗狗戴上狗绳，让它因为要出去散步而兴奋起来。停在挂着铃铛的门口，鼓励它去按铃。要做到这一点可能还需要一段时间，不过只要它一碰到铃铛，就立刻打开门带它出去散步。

训练日志

训练这项技能 100 次。

每训练 5 次，就在下方表格中做一个标记。

技能掌握

日期：_____   备注：_____

复习

猜猜是哪只手?

猜猜是哪只手? 奖励狗狗正确或良好行为的训练法被称作什么?

_____

_____

打赌游戏

将下面的句子补充完整:

奖励_____;忽略_____。

关灯

什么是大奖?

_____

取东西

你的狗狗所系品种是为什么而生?

_____

拉小车

和狗狗玩拖拽游戏时,我们应该尽全力,还是应该让狗狗获胜?

_____

取狗绳

第 3 阶段的哪两项技能可以使用非食物奖励?

① _____ ② _____

把头藏起来

在你的狗狗目前所处的阶段,你为它练习"把头藏起来"所设定的可达到的目标是什么?

_____

(解答见本书第 119 页)

当我们用"欢快的语调"称赞狗狗时，使用的是高音调还是低音调？

是在狗狗觉得厌倦时结束训练，还是在它想要更多时结束训练？

每次训练课的最后一项技能应该是狗狗能成功完成的，还是狗狗还要继续努力的？

在马拉车的比喻中，正向强化是胡萝卜还是大棒？

哪只狗狗的表演积极性更高：一只是具有高度狩猎本能并争取玩具奖励的狗狗，另一只是以食物为动力并争取食物奖励的狗狗？

训练师最常用的 3 种狩猎本能玩具是什么？

① _____

② _____

③ _____

除了玩具，还有什么非食物奖励？

解答

第 114 页： 1. 欢快；2. 更多； 3. 高；4. 狩猎；5. 学；6. 正向；7. 成功；8. 大奖；9. 其他；10. 奖励。

第 118 页： 正向强化；成功；其他；为极为出色的表现准备的巨大奖励；不同品种的狗狗有不同的答案；让狗狗赢；取东西，取狗绳，出门请按铃；答案因狗狗而异。

第 119 页： 高音调；想要更多；成功；胡萝卜。具有强烈狩猎本能并争取玩具的狗狗；拖拽玩具，球，飞盘，去户外的权利。

积极性：

我在训练中发现了什么能够提升我的狗狗的积极性？

_____

_____

_____

训练计划

我将继续训练狗狗本阶段中的以下技能：

☐ 猜猜是哪只手？

☐ 打赌游戏

☐ 关灯

☐ 取东西

☐ 拉小车

☐ 取狗绳

☐ 把头藏起来

☐ 出门请按铃

再评估

我学到的

> 使用正向强化的手段来激励狗狗，增强你们之间的关系，在训练的过程中提高狗狗的积极性。

现在，你已经掌握了更多激励与奖励狗狗的手段，你是否觉得训练更像是一种挑战，而不是一种挫败？

_____

训练不顺利的时候，你会想到你需要如何改进，还是想要去责怪你的狗狗呢？

_____

我对狗狗的赞扬有没有批评的 5 倍多？

_____

当我的狗狗取得了一点小成就时，我们这样庆祝：

_____

_____

_____

我的狗狗想要获得的奖励主要有：

_____

_____

狗狗的进步

> 不管你与狗狗之间的关系如何，奖励一直都是激励它的最主要因素之一。狗狗快乐地、热切地表演与不情不愿、磨磨蹭蹭地表演是有区别的，而造成这一区别的正是奖励。

你的狗狗学习的积极性增强了吗？

_____

_____

_____

我的狗狗最近在练习：

_____

我很惊讶我的狗狗能这么快学会：

_____

我的狗狗掌握得最好的技能是：

_____

最近我和狗狗正在主攻的技能是：

_____

我们的关系

潜在的奖励会激励狗狗走出舒适区，做出各种表现，以便赢得奖励，不管那奖励是你的关注、玩具，还是好吃的。这就是我们想要的动力。这种动力能让它成为一个自主、快乐、乐于合作的伙伴，成为一只愿意主动寻找各种方式成为一只"好狗狗"的狗狗。

你会如何描述你与你家狗狗的关系？你会把它当作是你的孩子、晚辈、宠物，还是最好的伙伴？你是它的老板还是它的教练？

_____

你觉得你的狗狗在生日时想如何与你一起度过？

_____

你是否更加了解你的狗狗了？它现在正在想什么？

_____

_____

_____

我的承诺：

我承诺，要做到以下这些，成为一个更好的主人：

_____

_____

_____

"通过使用正向训练的方法，我们可以和狗狗在充分信任与交流的基础上建立起愉悦的关系。"

延 伸

在已掌握技能的基础上

训练狗狗学会特定的行为就像砌砖建房一样。建房需要基础，如果基础不稳，整个建筑就容易倒塌。稳固的基础需要通过你与狗狗之间充满爱、信任与尊重的相互关系来建立。

在第 4 阶段，你会学到如何以狗狗已经掌握的技能为基础，教会它更为复杂的技能。你会学到如何将几项已知的技能结合起来，按照特定顺序组合成新的技能。你会学到如何巩固已经学会的技能，减少狗狗对于食物奖励的依赖。你还会学到如何通过对肢体语言的描绘与理解来更好地与你的狗狗交流。

第 4 阶段教授的技能包括：取报纸、绕腿步、保持平衡和接物、进窝、从冰箱取饮料、翻身以及收拾玩具。

> **想一想：**
>
> 按照适当的顺序训练技能。将已经学过的 23 项技能按照下面的顺序进行排序，你可以按照这个顺序进行训练：
>
> ① **已知技能：** 你的狗狗能够自如掌握的技能。
>
> ② **运动技能：** 需要狗狗消耗大量能量与热情的技能。
>
> ③ **新技能：** 现在狗狗已经表现得很自信了，试试新技能吧。在每个新技能上花几分钟时间。在这期间，你们要团结协作，你要给狗狗大量反馈、大量奖励，以及大量充满热情的赞美。
>
> ④ **娱乐技能：** 用一些既好玩又具有教育意义的技能来作为结束。

一起练习

你与狗狗的关系需要通过你们共同的经历来建立，需要在你与狗狗一次次的共同分享、肩并肩手挽手的活动中得到巩固。你们分享信息，学习对方的想法和反应，学习如何依靠对方。这会帮助你们建立起一种友谊，一种团队合作精神，以及一种能够进一步增强你们之间关系的协同力。

在你与狗狗并肩作战，像团队一样共同接受心理和生理上的挑战时，你们之间的关系也在运动和练习中得到了巩固。

在狗狗的群体文化中，重要的活动都由狗狗们一起去做，这样能够帮助它们提高凝聚力。它们一起吃，一起睡，一起玩，一起养育幼崽，一起狩猎，并且作为一个团体抵御外敌、共同迁徙。这种本能将它们的群体紧密联系在一起。通过共同的活动，例如与狗狗一起散步或者跑步，训练狗狗上敏捷性训练课，一起狩猎，拉雪橇，一起玩飞盘或者玩球，等等，我们也能与狗狗建立起同样的紧密联系。睡在同一间屋子里也是建立亲密关系的过程，尤其是在狗狗刚到一个新环境的时候。

想一想：

试试新运动！

☐ 敏捷赛（狗狗障碍赛）

☐ 犬类自由操（狗狗跳舞）

☐ 拉力赛（自我导向的服从性竞赛）

☐ 飞盘狗（飞盘竞赛）

☐ 搜救赛（志愿者总有用武之地！）

☐ 拉雪橇（雪橇或者陆地车）

☐ 飞球（团队跨栏比赛）

☐ 跳水（从高处跳入水池）

日常家务

给狗狗分配一项日常的家务。

狗狗是你的家庭成员，它的自我价值与它展现自我能力的方式，以及它在家里获得的成功紧密相连。你可以通过分配给狗狗一项对家庭有帮助的家务，并帮它做好这项家务，来帮助狗狗获得自尊和成就感。

对于狗狗而言，早上取报纸这项传统的工作就非常适合。你的狗狗会逐渐明白这项工作的重要性，而且还有有形的证据（报纸本身）能够证明它为这个家所做的贡献。你对它高效完成工作的称赞，将帮助它获得自信，并鼓励它为了赢得你的称赞而付出更多。养成每天与你的狗狗一起做家务的习惯，狗狗会很期待每天一起行动的这个特殊时刻。

在技能 19 中，你的狗狗已经学会了如何去取东西。不过如果不去球场，这个技能的用处并不是很大。所以这一次，我们将这个技能转换为教会你的狗狗每天去取报纸。

想一想：

列举两项你与狗狗每天共同完成的家务。

① ＿＿＿＿＿＿＿＿＿＿＿＿＿＿＿＿＿＿＿＿＿＿＿＿

② ＿＿＿＿＿＿＿＿＿＿＿＿＿＿＿＿＿＿＿＿＿＿＿＿

技能 24　　取报纸

训练内容：

教会你的狗狗"取报纸"这项家务活。

　　帮你的狗狗每天做家务，直到它能独立完成为止。你的狗狗会变得越来越喜欢它那份重要的家庭工作！

疑难解决

　　狗狗有个习惯，那就是在失去兴趣后就会把东西直接扔在地上，所以一定要坚持教会你的狗狗认识到，报纸是很重要的东西，需要一直被运送到目的地。

进度日志

☐ 我的狗狗取回了一个网球。

☐ 我的狗狗能把室内的报纸取过来。

☐ 当我站在附近时，我的狗狗能把室外的报纸取过来。

☐ 当我在前门等候时，我的狗狗把报纸取了过来。

练习：

听名字取东西。

教会你的狗狗辨别物体的名称。先从狗狗已经熟悉名字的玩具开始，将一个玩具与两个不相干的物体摆在一起。告诉狗狗"去取（玩具名）"。然后增加一个狗狗熟悉的玩具。如果它选错了，不要有任何表示（奖励成功，忽略其他），让它继续"去取（物品名）"就好。这个有趣的游戏会让你的狗狗一直开动脑筋！

小贴士！

狗狗学会取报纸后，如果将报纸扔到了地上，你也不要去帮它捡，因为现在这是它的职责了。

狗狗学会将报纸从行车道旁或邮筒取到家门口。

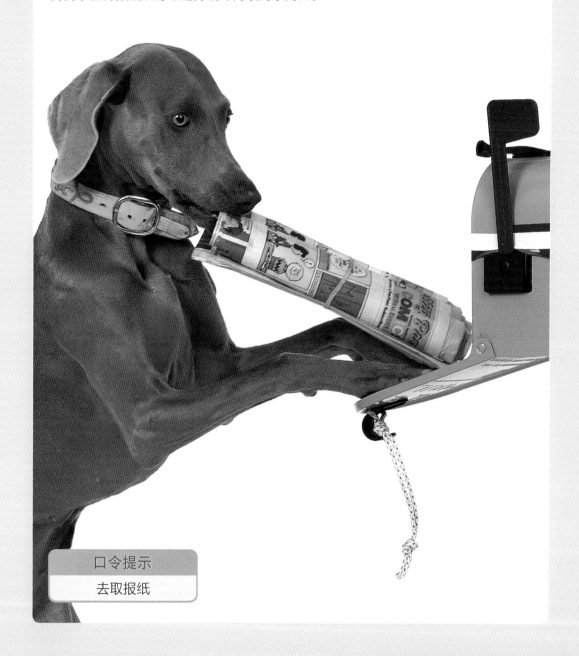

口令提示

去取报纸

训练步骤：

1 卷一卷报纸，用皮筋或者胶带捆住。在室内扔着玩。先使用它还不太熟悉的提示，说："去取报纸！取回来！"（技能19）不要让狗狗咬着报纸乱甩或者撕扯报纸，每次狗狗成功将报纸取回来后都给它奖励。

2 换到室外进行这项训练，开玩笑似地把报纸扔到邮差常常放报纸的地方，与此同时你就站在旁边。

3 慢慢地向后退，并将报纸扔在同一个地方，而你逐渐靠近前门的位置。

4 等到狗狗完全掌握后，提高难度，将报纸藏在灌木中，就像送报纸的小孩儿常做的那样。如果你的邮箱有活板门，可以让狗狗学习用绳子拉开活板门（技能20），然后再拉上。你甚至还能教会它降旗！

训练日志

训练这项技能100次。
每训练5次，就在下方表格中做一个标记。

技能掌握

日期：_____   备注：_____

奖励时间表

应当间隔多久给狗狗一次奖励呢？是在狗狗每次做出特定行为时都给，还是只偶尔给？

在初次学习的阶段，如果你在每项技能的每次表演时都奖励狗狗一块食物，就能够有效促进狗狗的积极性。不过，等到狗狗完全掌握一项技能后，你就应当逐步降低奖励的次数，改为偶尔奖励。在巩固期，你可以让狗狗一次连续表演几项技能，然后再给予奖励。最好不要按照固定的时间表给予奖励。

按照固定时间表给予狗狗奖励（也就是说，狗狗每完成几个行为后奖励一次，或者每隔几分钟奖励一次）会造成一种不良的反应模式，狗狗的表现也会时好时坏。例如，如果你每 4 项技能奖励狗狗一次，用不了多久狗狗就会发现其中的规律，只在第 4 次好好表现。

随机的奖励时间表会让狗狗保持高水平的稳定发挥。因为无法预测，狗狗会更倾向于保持积极性。老虎机就是一种随机奖励的典型例证——我们一直持续这样做（不断投入游戏币），因为我们不知道什么时候大奖会降临。

要让你的奖励变得不可预测——有机会的时候就给它一个大奖。如果你的狗狗忽然在努力学习后取得了突破，大奖将会是对它非常有效的激励。

技能 25　　绕腿步

训练内容：

使用随机奖励时间表来教会狗狗"绕腿步"。

一开始教授狗狗从两腿间穿过时，狗狗每钻一次都要给予奖励。之后，狗狗每钻几次随机奖励一次。

疑难解决

如果你的身体协调性不好，你可以用狗绳来引导你的狗狗。先迈出右脚，然后用右手拉着狗绳从双腿间穿过。

进度日志

- [ ] 我引诱我的狗狗至少穿过了一次。

- [ ] 我引诱我的狗狗穿过了好几次。

- [ ] 我引诱我的狗狗穿过了好几次，并且只在穿过几次之后再奖励它。

练习：

使用随机奖励时间表来教会狗狗回家。

晚上带狗狗出去时，它有没有不愿意回家？你可以偶尔在房子里的某个特定地点放一块食物，用这种方法鼓励它回家。你的狗狗将学会急着赶回家，每次都去那个地方查看一下，看看今天的运气怎么样！

以一周为期进行这项练习。现在你的狗狗是不是更愿意回家了？

_____

_____

小贴士！

坚持不懈是成功的关键。在让狗狗加入进来之前，你可以自己先练习一下动作。

小记：从双腿间穿过与狗狗敏捷性运动中的绕杆类似。

1 2 3 **4**	**技能点：奖励时间表**

你在走路时让狗狗从你的两腿间穿过。

口令提示
绕腿
动作信号

训练步骤:

1　让狗狗站在你的左侧，你的两只手里各拿几块小食物。

2　右脚迈出一大步，右手垂直向下放到两腿间，引诱狗狗从你的两腿间穿过。给它奖励。

3　左脚迈出一大步，左手垂直向下放到两腿间，再次引诱狗狗从你的两腿间穿过并给它奖励。

4　随着狗狗的进步，继续用双手引诱狗狗从你的两腿间穿过，但只在它穿过几次之后再给它奖励。

训练日志

训练这项技能 100 次。

每训练 5 次，就在下方表格中做一个标记。

技能掌握

日期: _____　备注: _____

交流

解开狗绳后，你觉得你的狗狗会立刻跑开吗？你会紧张地张开双臂吗？它最后还是会跑开吗？

另一只狗狗接近的时候，你觉得你的狗狗会咬它吗？你会预测到并看着事情发生吗？

你知道你的狗狗怕什么吗？你认为它会做出害怕的反应吗？它这样做了吗？

彼此的关系很少是单向的，如果你想要狗狗为你付出，你就必须礼尚往来。练习与狗狗相互交流，从而增进你们之间的关系，让它成为你友爱、自信、自主的伙伴。

你的狗狗会按照你的期望行事

你无时无刻不在通过表情、语言、动作、姿态、呼吸、气味向外散发信息。很大程度上，你的预期就包含在这些之中，而这些预期都会影响到狗狗的行为。

我们的脑海中有一幅画面，描绘出了狗狗的行为，然后狗狗就会按照你的描绘来行动。通过掌控想象的画面，你就能用微沟通来改变狗狗的行为。相信你的狗狗，给予它做正确的事所需要的自信，这样你的想法就会成真。

"不需要用语言来交流，狗狗读得懂你。"

想一想：

改变你的能量；改变你的狗狗。

回忆一下，过去有没有发生过你的恐惧或压力促使狗狗做出了你不希望它做的行为的事例。试着在今后类似的事例中尽量发出更为自信、正面的能量。

做它身边有趣的人！

你表现得越有趣，狗狗就越会重视你的关注，越会有动力去取悦你。

狗狗在身旁的时候，让你自己成为"快乐辐射中心"，让生活充满欢乐和兴奋！给它奖励，扔给它球，与它相互追逐，发出各种好玩的声音，跟它摔跤，玩拖拽游戏，哈哈大笑，微笑——让你的欢乐半径圈成为世界上最有趣的地方。这会让你的狗狗总是想要待在你的身旁，并让你的关注也成为一种奖励。

叫狗狗名字的时机

狗狗听到自己的名字时应该产生一种正面的感觉。它应该充满激情地回应你，而不是感到犹豫或者害怕。因此，请用积极的情绪叫狗狗的名字，不要将它的名字与警告或责备联系在一起。

叫狗狗的名字	不要叫狗狗的名字
在称赞时叫狗狗的名字。	不要在狗狗淘气时叫它的名字。直接说"不行！""别这样！"即可。
在它表现得冷静、自信、专注时叫它的名字。	不要在狗狗表现得压力大、害怕或者具有攻击性时叫它的名字。
在你想让它做什么事的时候叫它的名字（"查尔茜，过来"或者"查尔茜，站起来"）。	不要在制止狗狗做某事时叫它的名字（直接说"停下"或者"离开"即可）。

目光接触

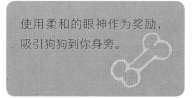

使用柔和的眼神作为奖励，吸引狗狗到你身旁。

使用尖锐的眼神作为警告，要求狗狗待在原位置。

狗狗在感受到压力或不愿意听话时会避免目光接触。

狗狗在与同伴交流时非常依赖眼神的作用，不过不巧的是，人类在长时间注视对方的眼睛时总会感觉不舒服。狗狗需要这种目光接触，与狗狗建立真正深入的关系也需要这种眼神交流。请有意识地注视狗狗的眼睛，尤其是在和它交流的时候。

让狗狗养成习惯，在日常奖励前让狗狗先保持片刻安静而专注的状态。例如，在前门口准备带狗狗出去散步时，或者在餐盆前准备大快朵颐时。先让狗狗安静下来，注视它的眼睛一两秒，然后对它说"很好"，并给它奖励。这样能提升狗狗的自控力，让它知道冷静、专注的表现能够帮它赢得奖励。

练习：

鼓励进行目光接触。

抓住了狗狗的目光，就抓住了它的注意力。你可以通过将奖励放在你的面前，并引导它"看……看……"来教会狗狗注视你的眼睛。一旦它能够注视你的眼睛一两秒，就奖励他一下。这样不仅能培养狗狗注视你眼睛的习惯和舒适方式，同时也能帮它集中注意力。

技能 26　　保持平衡和接物

训练内容：

使用目光接触来让狗狗保持平衡，学会"保持平衡和接物"。

目光接触是一项非常强有力的沟通工具。优秀的训练师可以仅依靠眼神就能让狗狗保持不动。

疑难解决

如果你的狗狗任由奖励掉在地上，那么你就假装与它比赛看谁先捡起来。很快它就会明白，它需要接住奖励，不然掉在地上的奖励就有可能归你了。

练习：

你家狗狗的瞳孔是什么样的？

长鼻子的狗狗具有狭窄而清晰的水平视野，这在追逐快速奔跑的猎物时非常有用。而短鼻子的狗狗让它们的视野拥有非常清晰的中心视域，但边缘处比较模糊。它们在观看近景时获得的图像分辨率更高，正因如此，它们才更喜欢看电视！

我家狗狗有：

☐ 条状瞳孔　　　　☐ 片状瞳孔

"要不断地给你的狗狗机会，总是让它们有新的机会成为一只'棒狗狗'。"

小贴士！

狗狗是色盲吗？狗狗只能看到有限的几种颜色。橙色、黄色和绿色在它们的眼中都是类似的。所以橙色的安全背心对于人类来说非常醒目，但对于狗狗来说就没有用处了。狗狗很擅长分辨不同深度的蓝色、靛色和紫色。对它们来说蓝绿色看起来就像白色一样。

狗狗眼中的光谱

人类眼中的光谱

技能点：目光接触

你的狗狗会将奖励或玩具顶在鼻子上，并在接到你的信号后抛起物品并接住。

口令提示
准备，接住

训练步骤：

1. 让狗狗面对你坐好，轻轻握住它的鼻子，让鼻子与地面平行，并在它的鼻梁上放一块食物。

2. 用低沉的语调指导它："准备——"直视它的眼睛，让它不要乱动。轻轻松开它的鼻子，但用伸直的手指和坚定的眼神告诉它不要乱动。

3. 保持这个状态几秒钟，然后放开狗狗并告诉它"接住！"将食物挪到靠近它鼻尖的地方，这个位置最容易接。勤加练习可以帮助你的狗狗提高能力，直到它每次都能完成上述训练。

训练日志

训练这项技能 100 次。

每训练 5 次，就在下方表格中做一个标记。

技能掌握

日期：＿＿＿＿＿＿＿＿＿＿　备注：＿＿＿＿＿＿＿＿＿＿＿＿＿＿＿

称赞、抚摸、食物奖励

称赞、抚摸、食物奖励……
这才是正确的顺序。

食物是狗狗最基本也是最渴望的奖励。因此，食物奖励在对狗狗的奖励中占据着非常高的地位。我们对狗狗的抚摸也是一种会让它感觉愉悦的奖励性体验，不过其地位没有食物高。口头称赞和注意力表示爱的程度更低一些，比起抚摸和食物奖励，属于价值更低一些的奖励。

这套奖励的等级体系根植于狗狗的本能之中。当然我们可以训练狗狗形成条件反射，赋予低等级的奖励更高的价值。我们可以训练狗狗将抚摸或称赞与食物奖励联系起来，提高这些满足感更低的奖励的价值。

奖励狗狗时，按照价值由低到高的顺序进行：先口头称赞，然后拍拍它或者给它抓抓毛，最后再给它食物奖励。这样你的狗狗就会形成条件反射，认为你的口头称赞总会与令人愉快的抚摸相关，抚摸总会与食物奖励相关。这样，你的口头称赞和抚摸就变成了更有吸引力、更有效的奖励。通过这种方式，我们可以逐步减少对食物奖励的依赖。

想一想：

练习称赞、抚摸、食物奖励，直到这变成你的第二本能。

做一个标牌，上面写上"称赞、抚摸、奖励"，并挂在前门内侧。这样可以帮你在带狗狗出门或进屋学习以下技能时记住奖励狗狗的正确顺序。

- 取狗绳（技能 21）
- 出门请按铃（技能 23）
- 取报纸（技能 24）

称赞
抚摸
奖励

技能 27　　　进窝

训练内容：

使用称赞、抚摸、食物奖励的方法来教会狗狗
"进窝"。

　　你可以用箱子为狗狗做一个让它感觉安全的窝。狗窝
是它的私属空间，它在里面的时候就不要去打扰它。被毯
可以让窝变得温暖舒适。

疑难解决

　　针对卧室里的狗窝和车上的狗窝不需要使用不同的指
令。狗狗能够理解你的指令，知道"进窝"指的是它的哪
个窝。

进度日志

- [ ] 我的狗狗不怕钻进它的窝里去。

- [ ] 我的狗狗会跟着饼干钻进它的窝里去。

- [ ] 我的狗狗会按照我的指示钻进它的窝里去。

小贴士！

作为睡前日常的一部分，你的狗狗会非常期待你让它进窝并享受它的睡前饼干。

练习：

再试试。

如果狗狗在一项技能中表现得不够好，你可能会觉得直接放
弃比较容易。不过有时候，先休息一下，你的狗狗就会在下
一次的训练中有所突破。从 27 项技能中排除狗狗表现最好的
10 项，再从剩下的技能中选出 3 项进行训练。

技能	狗狗有进步吗？
① _____	_____
② _____	_____
③ _____	_____

你指示狗狗进窝时，狗狗会钻到自己的窝里去。

口令提示
进窝

训练步骤：

1 让狗狗自己接近新窝，往窝里扔几块食物可能会鼓励它在新窝里多摸索摸索。

2 等它适应新窝后，将一块食物扔进窝里，并告诉它"进窝"。它一进去就表扬它，轻拍它，并给它一个大奖，不论是塞了花生酱的噬咬玩具，还是可食用的骨头，或者其他特别的食物。

3 等到它对这项指令充满期待后，告诉它"进窝"，并且不再使用食物。它一进窝就表扬它，轻拍它，并给它食物奖励。记住，当它还在窝里的时候给它奖励，因为你要加强的正是这个状态。

训练日志

训练这项技能 100 次。

每训练 5 次，就在下方表格中做一个标记。

技能掌握

日期：＿＿＿＿＿＿＿＿＿　　备注：＿＿＿＿＿＿＿＿＿＿＿＿＿＿

读懂狗狗的语言

狗狗不像人类能用几千个词汇来描述自己的感受，不过它们有自己的眼睛、耳朵、鼻子和体态，以及它们的尾巴。下面是一些常见的犬类身体语言信号：

叫声

- **短促的高频叫声：**欢迎，或者惊讶

- **单声叫：**"你在哪儿？"

- **两声短促的叫声：**"看这个！"

- **兴奋、短促、随机的叫声：**好奇、渴望、兴奋、好玩

- **重复的短促叫声：**呼叫，通常在狗狗想要出去时使用

- **长到快要断气的叫声，每声之间有间隔：**你的狗狗寂寞了，渴望陪伴

- **急促的叫声，每声之间有 3~4 秒的间隔：**警告即将有问题发生，狗狗希望你去查看一下

身体语言

- **尾巴翘高：**自信

- **尾巴放低：**防御、害怕

- **摇尾巴：**想要互动

- **露出腹部：**放松或表示顺从

- **尾巴和耳朵都竖起来，两只脚一前一后：**警惕，准备行动

- **弓起身子：**邀请你去玩

- **竖起耳朵：**警惕，自信

- **耳朵向后搭：**害怕

- **耳朵下垂：**焦虑

- **颈部或尾巴根部毛发竖立：**显示力量

- **舔另一只狗狗的嘴角：**向更具权威的狗狗或人表示臣服

想一想：

狗狗尾巴朝哪个方向摆动？

狗狗被某样东西吸引时，尾巴更容易往臀部右侧摆；害怕某样东西时，更容易往左侧摆。因为左脑通常与积极性的情绪有关，例如爱；而右脑则与逃跑、恐惧、悲伤有关。每一侧大脑控制着对侧的身体。观察在以下情境中，你的狗狗朝哪个方向摆尾巴：

☐ 回家　　　　　☐ 准备出发

☐ 看到猫　　　　☐ 看到另一只具有攻击性的狗狗

☐ _____

压力信号

大多数狗狗的主人都能读懂基本的身体语言，不过压力信号却经常被人们所忽视。所谓压力信号，就是狗狗在感觉焦虑或者受到压力时所表现出的行为。

有时候，你告诉狗狗去做某事，但狗狗只是叫两声，或挠挠身子。这很有可能是它在拖延时间，同时也表示它感觉压力很大。它不想去做你让它做的事，但又不想违抗你……于是就只有拖延了。

狗狗舔嘴唇或者吞吐舌头也可能是焦虑的表现。感到压力的狗狗会避免与人眼神接触，或把脸转向一边，从而避开它从你眼神中感受到的压力。狗狗也有可能把头扭到一边，避开让它感到有压力的东西。这种行为通常被称作视而不见。有些狗狗会扭过头假装对另一个东西很感兴趣，以便脱离当前的形势。有时候，它们也会躲避嗅闻。

在训练狗狗时，请注意这些表示压力的信号。处于极端压力中的狗狗是没有办法学东西的。这种情况下，你需要分析一下你的训练环境，找出导致压力的原因，并想办法缓解压力。

压力信号

- 打哈欠
- 挠痒痒
- 逃避视线或把头转向一边
- 躲避嗅闻
- 舔嘴唇，吞吐舌头
- 鼓嘴 / 脸
- 咬紧牙关

练习：

你的狗狗焦虑时，例如你给它剪指甲的时候，它会表现出哪种压力信号？

☐ 打哈欠　　　　　☐ 舔嘴唇

☐ 挠痒痒　　　　　☐ ＿＿＿＿＿＿＿＿

☐ 避免目光接触　　☐ ＿＿＿＿＿＿＿＿

链接

"从冰箱拿饮料"将取狗绳（拉开冰箱）、取东西、关冰箱门等几项技能链接起来，形成了一个令人赞叹的新技能！

"从冰箱取饮料"由几个部分组成。首先，要教会狗狗各个单独的部分。然后再按照顺序练习这些行为。

提示狗狗"拉门"，并在它打开门时奖励它。接下来，提示它"拉门，取东西"，并在它取回东西后奖励它。然后，提示它"拉门，取东西，关门"。最后，在各个单独的指令前加上它不太熟悉的指令链提示词"饮料"。因为狗狗想要尽快获得奖励，所以它会去预测接下来的指令词，在听到"饮料"时，它就会跑去执行整个指令链。最后，你将其他那些指令词去掉，只说出"饮料"，就能让整个过程运行起来。

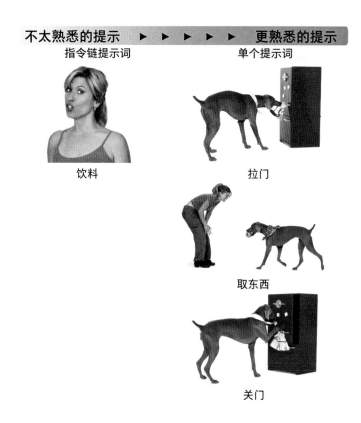

不太熟悉的提示 ▶ ▶ ▶ ▶ ▶ 更熟悉的提示

指令链提示词　　　　　　　　单个提示词

饮料

拉门

取东西

关门

技能 28　　从冰箱取饮料

训练内容：

基于狗狗已经学会的技能来教会狗狗"从冰箱取饮料"的指令链。

首先，教会狗狗各个单独的行为：打开冰箱，从开着的冰箱里取饮料，关冰箱门。然后按照顺序执行所有行为，并为整个指令链冠上新的提示词。

疑难解决

你可能需要在冰箱前放一块门垫来增加狗狗拉冰箱门时地面的摩擦力。当你不在家的时候，最好把冰箱门把手上的毛巾去掉，不然狗狗可能会自己拉开冰箱吃剩饭！

进度日志

☐ 我的狗狗会咬住毛巾来打开冰箱门。

☐ 我的狗狗会从打开的冰箱里取一瓶饮料。

☐ 我的狗狗会用爪子关上冰箱门。

☐ 我的狗狗能执行整条指令链。

练习：

捉迷藏。

通过玩捉迷藏的游戏来帮助狗狗记住你的名字。先让狗狗安静地坐着别动，或者让别人控制住它，与此同时你在其他房间藏好，口袋里记得装饼干。然后对狗狗喊"去找（你的名字）"，等它找到你后，给它奖励。

你的狗狗找到你了吗？

_____

_____

小贴士！

完整教会狗狗这项技能需要费一番功夫，不过不为别的，只为你朋友看到狗狗按照你的命令从厨房拿来饮料时脸上惊叹的表情，这一切都是值得的！

技能点：链接

在这项很有实用意义的技能中，你的狗狗会打开冰箱，取一瓶饮料，然后再关上门回来。

口令提示

饮料

训练步骤：

打开冰箱：

1 使用毛巾来玩"拉小车"游戏（技能 20）。将毛巾的一头拴在冰箱把手上，门打开一点，并让狗狗把门拉开。

拿饮料：

2 在开着的冰箱底层放一瓶饮料，并指令你的狗狗"取东西"（技能 19）。

关冰箱门：

3 使用教授狗狗"关灯"（技能 18）的方法，将奖励食物靠近开着的冰箱门，放在高一点的地方。狗狗站起上半身去够奖励时就会把门关上。

训练日志

训练这项技能 100 次。

每训练 5 次，就在下方表格中做一个标记。

技能掌握

日期：_____ 备注：_____

反链接

反链接就是将单独的行为按照相反的顺序链接起来——先教链条中的最后一个行为，然后加上倒数第二个，然后是再加上前面的一个。

过来

躺下

叼住

翻身

在常规的指令链中，我们按照正序训练单独的行为：先打开冰箱，再拿出饮料，最后关上冰箱。在反链接中，我们按照倒序进行训练。

例如"晚安"的技能，按照"过来""躺下""叼住""翻身"的顺序就能形成一个令人刮目相看的技能，狗狗会叼着毯子过来，然后把自己裹起来！

在反链接中，我们首先提示狗狗"翻身"，接下来提示它"叼住、翻身"。然后再向前回溯，提示它"躺下、叼住、翻身"，最后形成"过来、躺下、叼住、翻身"的指令链。

完成整个过程后，我们再在前面加上指令链提示词。最后逐渐去除其他单独的提示，达到只需使用指令链提示词"晚安"，狗狗就会完成整个过程的效果。

技能 29　　　翻身

训练内容：

教会狗狗翻身，然后使用反链接来教会狗狗裹上毯子。

你的狗狗已经学过如何"取东西"（技能 19）了，所以教会它翻身后，你可以用反链接的方法来将这两个技能连起来，让它自己去取毯子，然后叼着毯子把自己裹起来。

疑难解决

教会狗狗翻身需要依靠手部的正确动作。你要引导它的头，让它用鼻尖去碰肩膀。

如果狗狗侧翻到了地上，但没有继续翻下去，你可以用手轻轻抓住它的前腿，引导它完成整个翻滚动作。

小贴士！

大多数狗狗都有自己习惯的方向，在教狗狗翻身的时候可以先从它习惯的方向开始。

练习：

拍下狗狗可爱的照片。

狗狗歪着头直视镜头的时候显得最可爱。你可以把一个橡胶咕咕鸡之类能发出声音的玩具捏出尖利的长音，来引诱它做出歪头的动作（可以先在宠物店试一试哪种玩具发出的声音最长）。你也可以用非常高的音调说："看看这是什么？"来模仿这种高音。你能引诱你的狗狗歪头吗？

狗狗在地上将身体滚向一侧，侧翻一整圈。

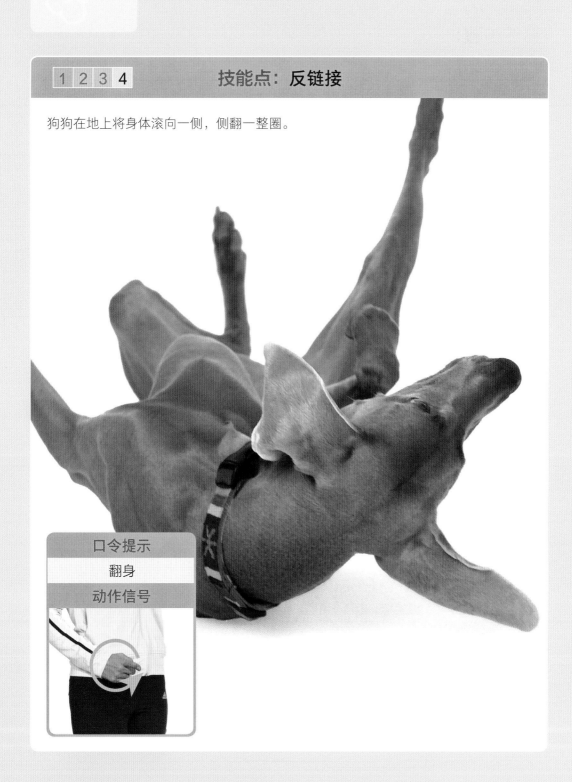

口令提示

翻身

动作信号

训练步骤:

1 让狗狗面向你躺下,你跪坐在狗狗前面,拿着一块食物放在它的脑袋一侧。将食物向它肩膀的方向移动,这个动作应该会引诱狗狗把鼻子转向肩膀,最终导致它侧过身。这时候将食物奖励给它。

2 继续把食物从肩膀移向脊椎,引诱狗狗继续翻身。这个动作应该会引诱它翻到仰面朝天的状态,并从另一侧翻回来。在它从另一侧翻过来时给它奖励。

3 随着它的进步,加快手部的动作,并减小手部动作的幅度。

4 狗狗学会翻身后,使用反链接的方法教它裹上毯子!

训练日志

训练这项技能 100 次。
每训练 5 次,就在下方表格中做一个标记。

技能掌握

日期:_____ 备注:_____

使用你所掌握的所有技能

在第 4 阶段，你学到了如何基于狗狗已经掌握的技能学习新的技能。我们来快速复习一下我们所学到的技能，并将这些技能运用到教授狗狗下一项技能——收拾玩具中。浏览一下技能 30。在开始训练这项技能前，先看看下面列出的 10 项延伸技能，计划一下如何使用这些技能来教授狗狗新的技能。

十大延伸技能

1. 给你的狗狗分配一项日常 _____ 去做。

2. 使用不可预测的 _____ 时间表来奖励狗狗已经学会的技能。

3. 你的狗狗会去做你 _____ 它做的事。

4. 在你希望狗狗 _____ 一件事的时候叫它的名字。

5. 使用 _____ 接触与它交流。

6. 按照 _____、_____、_____ 的顺序奖励你的狗狗。

7. 狗狗使用眼睛、耳朵、鼻子、叫声、体态和 _____ 进行交流。

8. 舔嘴唇、打哈欠、挠痒痒有可能是 _____ 指标。

9. 链接或 _____ 链接能将多个行为按顺序整合为一个行为。

10. 给出 _____ 指令前先给出指令链提示词。

（解答见本书第 157 页）

技能 30   收拾玩具

训练内容：

使用你所掌握的所有技能来教会狗狗"收拾玩具"，把它自己的玩具都放进它的玩具箱里。

在这个指令链中，你的狗狗会打开箱盖，收拾好自己的玩具，放进箱子里，再合上箱盖。能做到这一步已经很不错了吧？

疑难解决

有些狗狗宁愿抓着玩具玩也不要食物奖励，要是你的狗狗不愿意扔下玩具，换个它不那么喜欢的玩具试试。

进度日志

☐ 我的狗狗取回了一个玩具。

☐ 我拿着一块食物举到箱子上方时，我的狗狗丢下了玩具。

☐ 在我指着箱子时，我的狗狗将玩具收进了箱子里。

☐ 我的狗狗打开了玩具箱盖。

☐ 我的狗狗关上了玩具箱盖。

练习：

你的狗狗信任你吗？

在你的左右两侧各放一个桶，在其中一个桶里藏一块食物。然后让你的狗狗面对你，指一指有食物的那个桶。信任主人的狗狗会走向主人所指的那个桶。

你的狗狗走向正确的那个桶了吗？

_____

_____

小贴士！

让狗狗每天傍晚收拾好自己的玩具，这可是一项非常棒的家务！

技能点：使用你所掌握的所有延伸技能

收拾玩具时，你的狗狗会将它散落在屋内各处的玩具收到它的玩具箱里。

口令提示

收拾玩具

训练步骤：

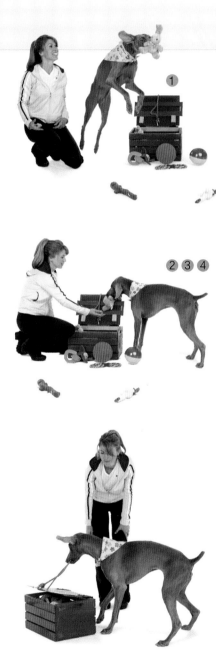

① 把狗狗的几个玩具撒在房间各处，然后让它"取回来"（技能 19）。

② 狗狗拿回一个玩具后，将食物拿到打开的玩具箱上方。当它张开嘴去吃食物时，玩具应该就会掉进箱里。在它丢下玩具的同时告诉它"好！"并奖励它吃掉食物。

③ 随着狗狗的进步，你可以站到玩具箱后，只是指一指玩具箱，不使用食物奖励。一开始，只要它把玩具扔到玩具箱附近就给它奖励。如果它真的扔进了箱子，就给它一个大奖！

④ 让你的狗狗用绳子"拉"（技能 20）开玩具箱，然后用鼻子或爪子关上玩具箱。最后将这 3 个行为连接起来，并用"收拾玩具！"来作为整个动作系列的指令。

训练日志

训练这项技能 100 次。

每训练 5 次，就在下方表格中做一个标记。

技能掌握

日期：_____ 备注：_____

复习

取报纸

绕腿步

保持平衡和接物

进窝

从冰箱取饮料

翻身

日常家务为什么对狗狗的自尊心很重要？

_____

老虎机不会每次都给你奖励，不同于固定的奖励时间，它们的奖励是

_____。

什么时候应该用严厉的目光看狗狗？

_____

我们可以将称赞和抚摸与食物奖励联系起来，通过条件反射来提高称赞和抚摸在狗狗心目中的价值。奖励狗狗应该按照怎样的顺序？

_____、_____、_____。

在指令链中，提示词（"饮料"）应该放在单个的指令之前还是之后？

_____

使用反链接教授狗狗翻身盖上毯子时，首先教授的单个行为是什么？

_____

（解答见本书第157页）

狗狗淘气了，你该叫它的名字（"巴斯特，住手！"）
还是直接说不（"住手！"）？

在狗狗的肢体语言中，竖起耳朵和尾巴，并且两只脚一
前一后是什么意思？

请举出 3 个压力信号：

怎样与狗狗建立友谊？

哪些颜色在狗狗眼中是一样的？

我们可以在哪些日常奖励前与狗狗目光接触，让它冷静下来？

我们可以教会狗狗哪项技能，来让它跟我们交流它的想法？

为什么我们要成为"快乐的中心"？

解答

第152页：1.家务；2.随机的；3.期望；4.去做；5.目光；6.称赞、抚摸、奖励；7.尾巴；8.压力；9.反；10.单个的。

第156页：这会让它感觉到自己的价值。随机奖励。作为警告或者让狗狗保持姿势。称赞、抚摸、奖励。之前。翻身。

第157页：直接说不。警惕，准备行动。打哈欠，挠痒痒，逃避视线，躲避嗅闻，舔嘴唇，鼓嘴，咬紧牙关。通过分享共同经历。橙色、黄色、绿色。出去散步前或者饭前。出门请按铃。这样才能让狗狗把我们的关注也当作奖励。

延伸：

你的狗狗现在已经掌握了哪两项技能，并进入了强化阶段？

训练计划

我会继续训练狗狗本章中的以下几项技能：

☐ 取报纸

☐ 绕腿步

☐ 保持平衡和接物

☐ 进窝

☐ 从冰箱取饮料

☐ 翻身

☐ 收拾玩具

再评估

我学到的

> 你的狗狗需要证明它自己是有用的、成功的，给它安排一项日常家务就是一种很好的方法。

对于一些早期的技能，你觉得自己现在是在对它们进行精进还是在进行教授？

_____

你的狗狗在学习中快乐吗？你是怎么看出来的？

_____

当你的狗狗觉得自己已经学习了足够多的技能时，它是怎么告诉你的？

_____

我向别人解释过怎样教授这项技能：

_____

我发明的技能：

_____

我最近购买了这些训练工具：

_____

与早期的技能相比，我在这些方面有进步：

_____

_____

狗狗的进步

> 训练并不是一件只在专门的时间做的事，你和狗狗的每个互动都和训练有关——每个眼神，每次交流，以及每个结果。

你的狗狗与你对视时目光有多坚定？你有没有感觉到它想要理解你？

_____

现在你是否感觉你的狗狗更像你的家人了？

_____

我的狗狗最近学会的词：

_____

我的狗狗最喜欢和我玩的游戏：

_____

别人这样称赞我的狗狗：

_____

_____

我们的关系

训练是一种增进你与狗狗关系的好方法，在这个过程中，你们俩一起为了共同的目标合作，一起庆祝共同的胜利。

你所散发出的能量也会影响到狗狗反馈给你的能量。对照下表，看看你在和狗狗一起训练时所散发出的能量主要是哪种，并在旁边写下狗狗对每种能量类型的反应。

我散发出的能量：   **我的狗狗反馈的能量：**

□兴奋 / 鼓励

□低迷

□抓狂

□严肃

我觉得我的狗狗非常喜欢我和它一起做：

_____

我的狗狗会在这个时候对我笑：

_____

我的承诺：

我承诺，继续做好以下家务、运动或日常工作：

_____

_____

_____

_____

"在你的狗狗身上投入时间和精力，作为一种激情、一项挑战和一个目标。这会让你的这位家庭成员拥有更加丰富的生活，并增进你们之间的关系。"

结束语

你已经按照这本书教会了狗狗很多技能，希望这个过程能够给你启发，激励你继续前进。尽管设定一个目标、完成一项训练会让人很有成就感，不过最棒的还是在一起训练的过程中与狗狗建立起稳固的亲密关系。你和狗狗在这一过程中所形成的信任与合作精神将伴随你们一生。

狗狗也不想一整天趴在沙发上无所事事，它们想要获得挑战，想要有奋斗的目标。它们想要学习新的东西，想要在生理和心理上展开竞赛，想要品尝成功的滋味！比起直接获得一大把食物，反而满屋子寻找你藏好的蔬菜，或者滚动塞满粗粮的奖励球能让它们获得更大的快乐。

你能给予狗狗的最好的挑战就是训练和学习的挑战。作为"挑战管理员"，你可以帮助狗狗获得持续的成功，从而保持它的积极性。你要不断地观察狗狗，在它精通一项技能后及时提高挑战的难度，在它难以完成时暂时降低挑战的难度。和狗狗一起面对挑战，精诚协作，并且一起庆祝你们的胜利，这将进一步增进你与狗狗之间的关系。

你要在狗狗身上投入时间和精力，将其当作一种热情、一项挑战和一个目标。你将会丰富这位家庭成员的生活，并加深你们之间的联系。

要将狗狗融入你的日常生活中。你喜欢做饭吗？要不要试试做几样好吃的狗粮？（你知道谁会是首席体验官的！）给狗狗织一件毛衣，教会它几个技能，让它每天帮你取报纸，带它一起去上班（如果老板同意的话），参加宠物大游行，带它去宠物店，与它一起跑腿儿打杂（进行一些家装改造，使用一些硬件设施，方便你带着你的乖狗狗到处跑）。

带狗狗一起去看电影（首先确认一下影院的规定）或者去购物中心或饭店。计划一次湖边户外旅行（可以找一片适合寻回犬的水域，放开狗绳让它活动）或者找一处狗狗专用的游泳设施。带它去狗狗公园，那里也是偶遇志同道合的狗狗主人的理想场所。给狗狗开个生日派对也不错！（来吧！一定会很有趣哦！）

把你的狗狗摆在最突出的位置——因为从本质上讲，还有什么比你的狗狗更重要呢？

奖励来自过程，成功来自你最好伙伴的微笑、叫声和它那摇动的尾巴。再强调一下，不要因为太在意目标而错失了过程中的快乐。在追寻彼此美好关系的过程中，享受你与狗狗最好的生活，这就是一个良好的开端！

"不管你的狗狗年轻还是年老，好动还是懒散，聪明伶俐还是反应迟钝——它都是你的狗狗，它的成功只由你来决定。希望这本书不仅能激励你教授技能，而且能让你和你的狗狗一起收获更多！"

——凯拉 · 桑德斯

Do More With Your Dog!

最终评估

恭喜！如果你已经填满了这本书上的每页进度日志，那说明你已经为了狗狗的福祉表现出了巨大的决心，用训练和挑战来丰富它的生活。你给了你的狗狗一个机会，来激发它的自然潜能。你也为增进你们之间的关系而付出了巨大的努力。这一路走得并不容易！尽管你并没有达成所有的目标，但变化就是在过程中一点点发生的。再看看你的初步评估，然后花点时间去确认一下你的成就。

今天的日期: _____

你们的团队（你和你的狗狗）: _____

我的狗狗目前掌握了这些技能:

_____

_____

_____

_____

_____

_____

_____

我的狗狗还在学习这些技能:

_____

_____

_____

_____

_____

_____

_____

狗狗的视角

问你的狗狗这些问题，并写下它的回答。

你喜欢和我一起训练吗？你想要继续吗？

_____

谁是你最好的朋友？

_____

你能原谅我所犯下的错误吗（以及我未来可能犯的错）？

_____

练习：

测验一下你们的成果。

浏览一下所有的技能，从每个阶段中选出你的狗狗掌握得最好的两项技能，总共选出 8 项技能。为你的朋友演示这 8 个技能，让他 / 她来评价一下。

技能名字	好	一般	不好
第 1 阶段：	☐	☐	☐
第 1 阶段：	☐	☐	☐
第 2 阶段：	☐	☐	☐
第 2 阶段：	☐	☐	☐
第 3 阶段：	☐	☐	☐
第 3 阶段：	☐	☐	☐
第 4 阶段：	☐	☐	☐
第 4 阶段：	☐	☐	☐

使用手册的过程中，我：

☐ 用很酷的狗狗技能惊艳到了我的朋友

☐ 挑战了狗狗的大脑

☐ 提高了我的训练能力

☐ 增进了与狗狗的关系

☐ 让我的狗狗行为更加端正

☐ 增强了狗狗的自尊和自信

☐ 教会了狗狗有用的行为

☐ 找到了让狗狗释放能量的渠道

☐ 让我的狗狗知道我很爱它

☐ 玩得很开心

☐ 学会了训练狗狗的正确方法

☐ 更了解我的狗狗

☐ （其他）

_____

_____

我的方法

你养成使用奖励标记的习惯了吗？你在发放奖励时动作更协调了吗？

看到电视上的狗狗演员时，你觉得自己能看出它表演的技能是怎么训练的吗？

你能更好地理解你的狗狗吗？你能看出它在什么时候需要鼓励或者需要降低难度吗？

回顾起点，在哪些方面你做得更好了？

如果让你给新手训练师一点建议，你会怎么说？

狗狗掌握的知识

你的狗狗现在是否更加关注你，更容易对你做出反应了？

你的狗狗的行为问题有没有因为和你的关系越来越近而得到了改善？

别人注意到你的狗狗的良好行为了吗？这让你有什么感觉？

我们的关系

你觉得你和你的狗狗喜欢作为一个团队而共同努力达成目标吗?

_____

你真心喜欢花时间和狗狗一起训练吗? 你的狗狗喜欢吗?

_____

你实现丰富狗狗的生活、为它提供挑战的目标了吗? 如果没有,你打算如何投入更多的时间去达到这个目标?

_____

对于给予狗狗它所需要的东西,你现在有没有什么不同的想法?

_____

你为你的狗狗感到自豪吗? 你的狗狗知道你为它而自豪吗?

_____

使用这本书进行训练的过程中,你所获得的最珍贵的是:

_____

_____

我的承诺:

我承诺与狗狗继续训练,达成以下目标:

_____

_____

_____

_____

补充活动

每天 3 项补充活动

跟踪记录你每天的 3 项补充活动，坚持 1 个月，让它成为习惯。

日期	团队建设	深入交流	尽情玩乐

训练统计表

学习狗狗的暗示

教会自己注意狗狗的暗示，使用这张表来记录好的训练内容和不好的训练内容，帮助你看清其中的关联。

训练课程指标日志		
	好的	不好的
室内训练	IIII	I
户外训练		IIII
早上	III	
傍晚	I	I
我精力充沛	IIII	
我很累		III
我用了很好的奖励	IIII	
我用了低价值奖励	I	II
训练时还有其他人		IIII
我们独自训练	IIII	II

训练课程指标日志		
	好的	不好的

备注

10 个训练小贴士

① 使用美味的食物奖励。

② 在狗狗保持正确的姿态时给予奖励。

③ 立刻奖励（不要在口袋里翻半天）。

④ 在饭前训练。

⑤ 先训练后玩乐。

⑥ 在狗狗意犹未尽时结束训练。

⑦ 前后一致。

⑧ 使用欢快的语调激励狗狗。

⑨ 要有耐心——变化不会发生在一夜之间。

⑩ 做它身边最有趣的人。

关于作者

凯拉·桑德斯和她的狗狗威玛猎犬查尔茜因为在电视节目和现场演出中表演的令人惊叹的杂技节目"特技狗狗队"（Stunt Dog Team）系列而享有世界性的声誉。他们的团队协作、彼此之间显而易见的爱意，以及一起表演时所展现出的快乐激励着动物爱好者们。同时，也正如凯拉所言，这一切仅靠食物奖励是无法达成的。"这确实证明了我的狗狗关于我们之间的关系和纽带所做的贡献，以及一些从深处打动了我的心的东西。"

他们在《今夜秀》（The Tonight Show）、《艾伦秀》（Ellen）、《今晚娱乐》（Entertainment Tonight）、《福克斯新闻现场》（FOX News Live），以及 MLB（美国职业棒球大联盟）、ALF（澳式足球联盟）中场休息时都表演过。在好莱坞的迪士尼《超能狗》（Underdog）舞台秀上，他们担任主角，而且还有幸在马拉喀什为摩洛哥国王表演！

凯拉完美地实践了她的口号"和你的狗狗一起收获更多"，她在狗狗身上倾注了多年的心血，获得了多项全美犬类赛事的奖项。凯拉也在片场从事一些影视犬类训练师的工作，并在犬类技能课堂上授课。课堂上，她循序渐进地鼓励学生们去重新发现与狗狗相处的乐趣。

凯拉凭借其广泛而丰富的经验，提出了"纯粹狗狗"训练法。她指出，比起潜藏其中的对双方关系的潜在承诺，训练方法本身根本不算重要。"建立一个基于信任、交流和尊重的基础，其他一切自然会各归其位。"

《训练狗狗，一本就够了！》

1 天 10 分钟，101 项技能 90 天全掌握

本书旨在全面训练狗狗技能，在一教一学之间增进主人与狗狗的信任与亲密。书中共讲述了 101 项技能的训练方法，适合各类品种、各种年龄段的狗狗。通过丰富的图文形式，疑难解答，权威指导以及温馨小贴士等内容，保证读者即使是一名新手，也能够根据书上的指示，帮助狗狗成长为一只优秀的明星狗狗。

《幼犬训练，一本就够了》

51 项狗狗技能，1 天 10 分钟，1 个月全掌握！

训练幼犬和训练成年犬的方法不一样，即便你以前训练过成年犬，训练幼犬时仍要注意调整方法。这本书包含了 51 项幼犬训练技能，通过循序渐进的指导、照片示范、小贴士以及疑难解答等内容，提供了训练幼犬行为和技能所需要的各种方法，为读者朋友成功训练爱犬创造更大可能性。

《新手训狗，一本就够了》

71 项狗狗技能，400 余幅分解步骤图，1 个月全掌握！

本书为第一次喂养狗狗的新手提供了一本养狗指南！书中包含了 71 项狗狗训练技能，所讲内容均为日常喂养狗狗过程中作为主人迫切想要了解和学习的知识，通过一教一学、图文结合的表达方式，手把手教你简单易上手的训导技巧，并且通过正向强化训练法帮助狗狗克服日常恐惧与好斗的心理情绪，最终成长为一只快乐、自信、勇敢且懂礼貌的狗狗！

《狗狗游戏，一本就够了》

86 项创意游戏，1 次 10 分钟，提升狗狗 5 大体脑技能！

　　对于狗狗来说，每一个游戏都是一项学习挑战，可以充分锻炼狗狗的脑力和体力；对于你来说，只需要 10 分钟，你就能享受到与狗狗在一起的温馨时光。本书介绍了 86 个创意游戏，图文结合，简单易学，不失趣味的同时重在培养狗狗的自信心、专注力、协调性、服从性以及体力。

《狗狗技能训练，一本就够了》

4 个阶段，5 种方法，30 项必学技能全掌握

　　本书介绍了 30 堂有趣的必学技能课，通过清晰的步骤图示、技能教学视频展示以及记录跟踪学习进度，手把手地教你在技能课中与狗狗高效互动。针对各项技能，书中分析了 11 种训练理念，分 4 个阶段，帮助你制订科学的策略，使你更加自信、从容地应对狗狗的各种反应。

凯拉·桑德斯狗狗训养系列图书，
以简单易学、循序渐进的正向训练法，
帮助你与狗狗一起收获更多，赢得狗狗一生的信任与爱！